KB270108

세계
티의
이해
tea

세계
티의
이해
tea

세상의 모든 티, 티의 역사와 문화, 티를 즐기는
세계인, 티 여행 명소, 다양한 티 레시피, 그리고
티의 모든 것들

한국 티소믈리에 연구원

THE BOOK OF TEA

Contents

프롤로그 1

이 책을 접하는 독자님들에게 먼저 대환영의 뜻을 전합니다. 이 책을 만들고, 티 전문 업체인 티피그스teapigs를 창립한 루이스 치들과 닉 킬비입니다. 이렇게 만나 뵙게 되어 대단히 반갑습니다.

티를 열렬히 사랑하는 사람으로서, 지금까지 그랬던 것처럼 앞으로도 우리는 티에 관해서는 결코 열정을 잃지 않을 것입니다. 일반 주전자나 티 포트를 비롯해 최근에는 머그잔까지도 생활의 일부가 되면서 사람들은 바야흐로 티의 세계에 산다고 해도 결코 과언이 아닙니다. 우리는 전 세계를 여행하면서 정말 운 좋게도 다양한 종류의 티 샘플들도 얻을 수 있었습니다. 무엇보다도 뜻깊었던 일은 각기 다른 다양한 문화 속에서 티가 지닌 깊은 의미도 경험할 수 있었던 것입니다.

특히 2006년에는 새로운 티 전문 업체를 설립하는 데에도 본격적으로 나섰습니다. 영국에 본사를 둔 티피그스teapigs를 설립한 일입니다. 영국은 티를 전국적으로 마셔 왔던 오랜 역사를 간직한 나라입니다. 그러나 저희들은 티를 마시던 오랜 전통적인 관습에서 벗어나 21세기에 걸맞은 새로운 변화를 모색해야 할 때라고 생각했습니다. 그러던 중에 피라미드 모형의 티백 안에 홀 리프 등급의 찻잎을 담은 브랜드, '티 템플tea temple'을 론칭한 뒤 지금까지 달려 왔습니다. 저희는 티와 그 역사, 그리고 기원도 물론 사랑하지만, 무엇보다도 티의 소중한 미래를 더욱더 사랑합니다. 앞으로 한 잔의 티는 사람들에게 큰 즐거움을 선사할 뿐 아니라, 전 세계적으로도 수많은 사람들을 화합시킬 것입니다.

이 책에서는 티가 사람들에게 매우 특별한 가치로 매겨지는 이유에 대해 집중적으로 다루고 있습니다. 이 책을 통해 티 세계의 여행을 떠나면서 전 세계의 티 애호가들이 티를 얼마나 사랑하면서 즐겨 마시는지, 다양한 문화 속에서 티가 차지하는 중요한 역할은 무엇인지에 등에 대해 잘 알게 될 것입니다.

또한 티의 역사에 관한 간략한 소개는 티가 어떻게 전 세계로 전파되었는지에 대한 이해도 도와줄 것입니다. 다음으로는 다양한 유형의 티를 접해 볼 수 있는 여행을 통해 티의 생산 과정과 티를 직접 생산하는 장인들의 기술을 생생히 엿볼 수 있습니다. 끝으로 완벽한 티 한 잔을 우리는 비결과 티와 함께 곁들여 먹으면 좋은 비스킷, 그리고 티를 마실 때의 예의도 함께 소개합니다. 여기서 소개되는 티 세계의 여행에서 독자 여러분들은 아마도 매우 흥미로운 사실들을 발견할 수 있을 것이며, 인기 있는 음료의 레시피도 직접 볼 수 있을 것입니다.

이 책을 집필하면서 무척이나 즐거웠던 만큼, 독자 여러분들도 큰 즐거움으로 티 여행을 떠나 보시기를 간절히 바라 마지 않습니다.

Nick Louise

프롤로그 2

전 세계의 티 시장은 지금 패러다임에 큰 변화가 일고 있습니다.
티의 전통적인 주요 소비국인 독일, 러시아 등 유럽에서는 티
소비량이 줄어드는 반면, 오래전부터 티를 생산해 온 중국,
일본, 타이완 등 아시아를 비롯해, 인도, 스리랑카의 남아시아,
케냐의 아프리카, 아르헨티나 등의 남미 대륙에서는 오늘날 티
소비량이 급속히 증가하여 티 생산량을 견인하고 있습니다.
특히 전 세계에서 티 생산과 소비에서 1위를 달리고 있는
중국이 오는 2024년까지 티 수요의 증가로 인해 국내의
소비가 더 큰 폭으로 증가할 것으로 세계 유수의 전문 기관들이
내다보고 있습니다.

또한 기존의 홍차 수출 대국이었던 케냐와 스리랑카에서는
오늘날 역설적으로 녹차와 백차의 생산이 급속히 성장하고
있고, 전통적으로 녹차의 생산 및 소비국이었던 중국에서는
홍차의 생산 및 수출이 급증할 것으로 내다보고 있습니다.
그야말로 패러다임의 대전환기가 아닐 수 없습니다!

이러한 격동기에 국내 티 시장에서도 큰 변화의 바람이 불고
있습니다. 녹차를 이용한 각종 음식과 산업 제품이 출시되고,
홍차를 이용한 각종 밀크 티들이 선을 보이고 있는 가운데 국내
티 생산과 소비도 함께 증가하고 있는 추세입니다.

이번에 첫 선을 보이는 『세계 티의 이해』는 티를 생산하고
소비하는 세계 각국들을 소개하면서, 각 나라에서 오랫동안
다양하게 형성되어 온 문화와 역사, 그리고 생활양식들을 티를
매개로 전 세계적으로 한데 묶어 주고 있습니다.

또한 다원에서 찻잎이 수확되어 티로 가공되어 오늘날 우리의
찻잔 속에 담기기까지의 전 과정을 생생한 사진과 알기
쉬운 일러스트를 통해 잘 보여 주고 있습니다. 아울러 세계
각지의 역사와 풍습이 담긴 다양한 티 음료와 티 푸드, 그리고

레시피들을 화려한 사진들과 함께 수록하고 있습니다. 이
밖에도 세계 각지의 티 명소 순례를 위한 유명 찻집들을 간략히
소개하여 티를 사랑하고 즐겨 찾는 사람들에게 큰 도움을 주고
있습니다.

이 책이 티 세계에 올바로 입문을 원하는 일반인, 티를 포함한
식음료 업계, 티를 전공하려는 학생들에게 훌륭한 지침서가 될
것으로 기대합니다.

또한 티 세계에 거대한 변화의 바람이 일고 있는 지금, 이 책이
부디 거대한 티 세계에 첫 발을 내디디려는 분들에게 꼭 필요한
나침반이 되어 줄 것이라 바라 마지않습니다.

사단법인 한국티협회
정 승 호 회장

❶ 터키식의 민트 티mint tea.
❷ 인도의 차이 조리사인 차이왈라chai wallah.
❸ 인도 다르질링 지방에서 찻잎을 수확하는 모습.
❹ 장식된 찻주전자(프랑스 루앙 지역).
❺ 남인도 케랄라Kerala 주의 한 다원.
❻ 영국 런던 보로 시장의 오가닉 아이스티.
❼ 티 마시는 어느 아라비아인.
❽ 티를 마시는 행복한 모습의 영국인(1951년경).

ORGANIC
ICE TEA
with Mint

VANILLA TEA
ROSE
ORANGE
COCONUT TEA
CARDAMOM TEA
BANANA TEA
RASPBERRY TEA
STRAWBERRY TEA
SAFFRON TEA
BLACK TEA
PINEAPPLE TEA
KASHMIRI TEA
GREEN TEA
MIX FRUIT TEA
LEMON TEA
CHOCOLATE TEA
ASALA TEA
MANG TEA

BEST C.T.C.
DARJEELIN
TEA
TEA

Rias

CHA YUAN
CHA YUAN
CHA YUAN
VERY
AMAZONE
AMOUR
CHA YUAN
CHA YUAN
CHA
PAIN D'EPICES
ORIENT EXPRESS
NEIGE
Ex S.
CHA YUAN
CHA YUAN
CH
MORNING TEA
BRUNCH TEA
CHA YUAN
CHA YUAN
CHA YUA
ARL GREY
ARJEELING
EARL GREY IMPERIAL
EARL GREY FLEUR BLEUE

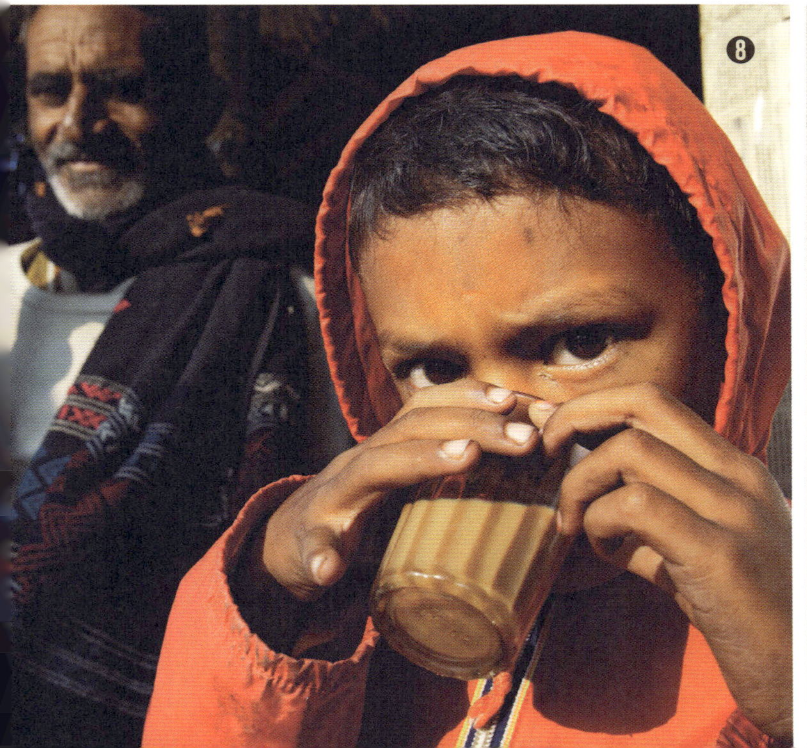

❶ 인도의 향신료 티 시장.
❷ 인도 강토크Gangtok 지방에서 판매되는 티.
❸ 인도 콜카타(옛 지명 캘커타) 지역의 인력거인.
❹ 프랑스 릴 지방에서 판매되는 티.
❺ 스리랑카 노르우드 다원Norwood estate의 성형 가공실.
❻ 태국의 찻잎을 따는 여성 인부들.
❼ 이란 카샨Kashan 지역의 여관인 골레스탄 인 게스트하우스에
   비치된 찻주전자.
❽ 인도 아삼Assam 지역의 카지랑가Kaziranga 국립공원 외곽에
   위치한 다우슈아르Daushuar 마을에서 한 아이가 차이를
   마시는 모습.

PART 1

티를
즐기는
세계인들

사진 : 차이 티(chai tea).

전 세계의
티 소비지

찻잎은 비록 흔하고 매우 작은 잎이지만,
전 세계에 준 그 영향은 매우 지대하다.
실제로 티는 전 세계에서 물 다음으로 가장 많이 마시는 **음료**이다.
탄산수나 설탕이 함유된 청량음료와 두통을 동반하는 맥주나 와인
은 모두 잊어버려라. 그 밖에도 신경을 날카롭게 곤두세우는 뜨거
우면서도 검은색의 음료도 마찬가지이다. 이 지구상에서 진정한
음료는 오직 티뿐이다!

18세기 중반까지만 해도 **브리튼 섬**에서 사람들이 가장 즐겨 마셨던 기호 음료는 진이 아니라 티였다.

아일랜드 기네스 맥주로 유명한 곳이지만, EU 회원국 중에서도 1일 티 소비량이 가장 많다.

뉴욕 1908년 티백이 처음 개발된 곳으로 알려져 있다. 티 상인이 티를 운반하는 과정에서 안전하게 보관하기 위해 실크 백으로 티 샘플을 포장하다가 우연히 개발하였다고 한다.

모로코의 특산물로는 민트 티가 유명하다. 모로코에서는 안주인이 손님에게 민트 티를 낸다면, 손님은 반드시 수락해야 한다. 이를 거절하는 행위는 곧 손님이 안주인에게 무례를 범하는 것으로 간주된다. 5분만 앉아서 편안한 마음으로 티를 즐겨 보자.

티는 세상을 하나로 만든다. 티를 마실 때면 사람들이 함께 모인다. 그
리고 사람들의 분위기를 가라앉히면서 생기를 불어넣고, 불안감을 누
그러뜨리면서 만남을 축복한다. 손에는 머그잔, 찻잔, 유리컵, 받침 접
시를 들고, 티에 향신료, 설탕, 꿀, 과일, 우유 등을 넣어 차게 또는 뜨
겁게 마신다.
이때 우유는 어떤 종류라도 상관없지만, 그중에서도 야크 우유는 매
우 특별한 맛을 안겨 준다. 물론 우유를 넣지 않고 마실 수도 있으며,
그 밖의 무엇이든지 원한다면 함께 넣어 마실 수 있다. 티에서 우려내
는 방법을 익히는 것은 일종의 통과의례이다.
물론 자신에게 완벽하게 맞게 티를 우리는 것도 당연히 익혀야 할 것
이다. 이와 같이 많은 사랑을 받고 있는 음료인 티와 관련하여 우려내
는 과정을 기념하는 의식이 전 세계에 걸쳐서 거행되고 있다.
지금부터는 세계 곳곳에서 마시는 티에 관한 몇몇 관습과 전통에 대
해 살펴보면서, 아울러 이 놀라운 음료에 얼마나 깊이가 있고 다양한
문화가 깃들어 있는지에 대해서도 집중적으로 조명해 본다.

예르바 마테 yerba mate는 아마존 밀림에서만 자생하는 식물이다. **아르헨티나와 우루과이**에서는 대중들이 일상생활 속에서 그 잎을 뜨겁게 우려내 마신다.

☕ 티 한 잔의 이야기

전 세계적으로 티 tea라는 용어는 각 나라마다 유사한 이름으로 불린다. 해로를 통해 유입된 나라에서 티는 그 철자가 't'로 시작된다. 독일은 tee, 프랑스는 thé, 스페인은 té 이다. 반면 육로로 유입된 나라에서 티는 그 철자가 'tch'나 'ch'로 시작된다. 터키는 çay, 러시아는 chay, 아랍과 인도는 chai, 티베트는 po cha 이다. 이는 모두 중국의 보통어인 만다린어 mandarin의 'cha'에서 유래되었다.

연간 1인당 티 소비량 상위 20개국

PART 1 티를 즐기는 세계인들

티의 소비와 관련하여 연간 1인당 소비량을 조사해 보면, 터키가 단연 1위를 차지하고 있다.

기본적으로 다른 나라의 사람들에 비해 터키인들이 티를 더 많이 마신다는 뜻이다.

티를 즐겨 마시는 터키인들의 품격 있는 취향에 경의를 표한다.

(EUROMONITOR 2013년 데이터)

연간 티 총 소비량 상위 20개국

1. 중국(본토)
161만 4200톤

2. 인도
100만 1400톤

3. 터키
22만 8000톤

4. 러시아 연방
15만 9100톤

5. 미국
12만 7400톤

6. 파키스탄
12만 6600톤

7. 일본
11만 9100톤

8. 영국
11만 6200톤

9. 이집트
9만 9000톤

1인당 티 소비량이 가장 많은 나라는 터키이지만, 티의 총 소비량이 가장 많은 나라는 중국이다.
이는 전 세계의 여러 나라들 중에서도 중국이 티를 가장 많이 마신다는 의미이다.
중국의 엄청난 인구수로 인한 결과이다(아래의 데이터는 FAO가 순위를 집계한 2013년도 통계이다).

자료 출처 : Report for 21st Session of FAO-IGG on Tea(2014. 11), "Current Market Situation and Medium Term Outlook"(2013년도 통계 기준)

10. 이란
8만 3400톤

11. 인도네시아
6만 4900톤

12. 방글라데시
6만 1900톤

13. 모로코
5만 6700톤

14. 베트남
3만 1700톤

15. 독일
2만 8900톤

16. 케냐
2만 6600톤

17. 남아프리카공화국
2만 2800톤

18. 프랑스
1만 5200톤

19. 폴란드
1만 5000톤

20. 네덜란드
1만 2200톤

북유럽

17세기로 거슬러 올라가면 티는 당시 북유럽을 뒤흔들었던 음료이다. 네덜란드인들과 포르투갈인들이 개척한 무역 항로로 아시아의 신기하고도 다채로운 상품들이 다량으로 소개되었는데, 그중 하나가 티였다. 티의 영향력이 점차 커지면서 인기도 매우 높아졌다. 가격이 상당히 높았기에 소비층도 당연히 대부분 귀족이었다. 시간이 흐르면서 공급량이 늘어나고 관세도 낮아지면서 티는 일반인들에게까지 전파되었다. 특정 국가에서는 하나의 문화로도 정착되었는데, 그 대표적인 곳이 바로 영국이다.

▶ 티를 즐기는 다양한 모습

❶ 런던 남부인 브릭스턴Brixton 지역의 한 카페.
❷ 테이블에 둘러앉아 전통적인 크리켓 티를 즐기는 사람들.
❸ 시크릿 가든 파티에서 티와 토스트를 즐기는 손님들.
❹ 서섹스 주 동부인 시퍼드 지역의 해변에서 티를 즐기는 두 여인.
❺ 그리지 스푼greasy spoon' 카페에서의 티 한 잔.
❻ 런던 리츠 호텔에서 티 한 잔.

영국

"자, 티를 어떻게 마셔 볼까?"
이는 영국에서는 매우 흔하게 던지는 질문이다. 영국인들은 매일 1억 6500만 잔의 티를 마시기 때문이다. 그야말로 놀라운 수치이다. 이는 분당 11만 5000잔, 초당으로는 거의 2000잔에 해당한다! 이가 빠진 머그잔에 우유와 설탕을 넣어 티를 들이켜듯 마시든, 고급 도자기 찻잔에 가향 홍차인 얼그레이Earl Grey를 넣어 홀짝이며 마시든, 티는 영국인의 삶에 매우 밀착되어 있으며, 문화에도 깊숙이 뿌리내려 있다. 티 문화는 어떤 상황 속에서도 만능 해결사의 기능을 하며, '사회적 아교'로서 영국을 하나로 유지한다. 영국에서 티 문화가 사라졌다고 생각해 보라! 나라가 멈춰 버릴 것이고, 혁명의 기운이 감돌 것이다. 이러한 위기는 결코 잠재울 수 없다. 친구와 함께 험담할 때 목을 축일 수도 없고, 비스킷 산업은 또 어찌 될 것인가?
영국의 티 문화는 1600년대에 시작되었다(자세한 내용은 83페이지 참조). 처음에는 극소수의 귀족들만 티를 향유할 수 있었다. 오늘날에 수많은 사람들이 각자 자신만의 방식과 보다 특별한 방법으로 티를 마시는 것과는 매우 대조적이다.
홍차에 우유를 넣어 마시는 것(또는 각설탕을 한두 개 첨가)은 예나 지금이나 티를 마시는 가장 인기 있는 방식이다. 그런데 오늘날에는 수많은 사람들이 더욱더 이국적인 방식으로 티를 마신다. 홍차 외에도 주위에서는 녹차green tea, 백차white tea, 우롱차oolong tea, 랍상소총lapsang souchong, 보이차pu-erh tea, 맛차matcha, 단일 다원의 티single-estate tea 등을 볼 수 있다.
또한 엄밀하게는 카멜리아 시넨시스Camellia Sinensis 식물의 잎을 사용한 것이 아니어서 티는 아니지만(90페이지 참조), 푸르트 티와 허브티도 그 다채로운 향미와 느낌으로 젊은 사람들에게 특히나 인기가 높다. 그 밖에도 티를 즐기는 방식은 매우 많다. 신선하게 우려낸 아이스티와 차이 라테chai latte는 오늘날 점점 더 인기를 끌고 있고, 버블 티, 다소 독특한 티 블렌드, 과일과 타피오카펄tapioca pearl도 주위의 일반 냉장고에서 흔히 볼 수 있다. 이만하면 영국인의 티 사랑은 지금도 강렬하며, 일부 전통적인 에티켓이 사라지더라도 앞으로 계속될 것으로 감히 장담한다!

찻잎으로 미래를 점친다

영국인들은 티백을 무척이나 좋아한다. 티백은 1953년에 티 제조업체인 테틀리Tetly가 상업적으로 처음 선을 보인 뒤로 오늘날 전체 티 시장의 96%를 차지하고 있다. 한 가지 아쉬운 점이 있다면, '찻잎으로 점을 치는 관습'이 사라지고 있다는 것이다. 과거에는 잎차loose tea를 대부분 찻주전자에 넣어 우린 뒤 스트레이너로 걸러 내지 않고 그냥 머그잔이나 찻잔에 따라 마셨다. 잔에 든 찻잎에 유의하면서 티를 마시고 나면 찻잎은 잔 바닥에 마지막 소용돌이를 일으킨 뒤 무작위의 패턴을 형성한다. 이때 '점쟁이'나 '찻잎 해설사tea-leaf reader'가 찻잎이 만들어 놓은 그 패턴을 해설한 뒤, 잔을 헹궈서 찻잎을 버렸다. 이는 미래의 운명을 씻어 내는 행위와도 같았다.

Tea
&
Toast
Drinks
Toasties
FREE FRUIT for Kids

METRO
TV giant
takes
YouTube
for $1b

티 숍에서 티스메이드까지

매우 독특한 티 관습을 형성한 영국의 풍부한 티 역사

티 숍

영국의 유명 티 전문업체인 에이비시 ABC, Aerated Bread Company가 1864년에 고객에게 티와 스낵을 제공하기 시작하면서 영국에서는 최초로 티 숍이 등장하였다. 이 티 숍에 주목할 점은 당시 여성이 배우자 없이도 타인의 입방아에 오르내리지 않고 친구들과 함께 만날 수 있는 유일한 장소였다는 것이다. 티 숍이라는 개념도 ABC 티 숍이 프랜차이즈로 영국 전체로 퍼져 나가면서 함께 전파되었다. 당시 ABC는 전국적으로 250개 이상의 체인과 거대한 코너 하우스corner house를 몇 개나 소유한 대형 요식 업체였던 J. 라이온스 & 컴퍼니Lyons & Co.와 경쟁 관계에 있었다. 여기서 코너 하우스는 음악회를 열 수 있는 거대 레스토랑이 들어선 대형 시설이었다. 그런데 시간이 흘러 사회적 관습과 식습관이 변화하면서 티 숍도 점차 사라졌다. 물론 지금은 모든 시내의 중심가에 커피숍들이 넘쳐날 정도로 많이 들어서 있다. 오늘날에 티 숍은 과연 다시 살아날 수 있을까? 그러기를 바란다. 아니, 그렇게 만들어 보자!

티스메이드

'티를 중시하는' 나라에서 매일 아침 눈을 떴을 때 침대 옆에 김이 모락모락 나는 티 한 잔을 내어 주는 기기가 있다면, 이는 분명히 획기적인 발명품이 아닐 수 없다. 그러한 기기와 관련해 초기에 특허권을 낸 기록을 찾아보면 1800년대 후반으로 거슬러 올라가지만 상업적인 기기는 1930년대에 들어서야 비로소 처음으로 등장하였다. 티를 자동으로 우려내 주는 주방용 기기인 티스메이드teasmade이다. 이 티스메이드는 1960년대 중반까지도 혼수 목록에 반드시 포함되었다. 영국 모든 가정의 침대 한 곁 에는 수많은 메이커와 모델의 티스메이드가 놓여 있었다. 아침 알람과 함께 일어나 마시는 뜨거운 티 한 잔은 일상생활의 기본적인 요소였다. 이러한 행운아들은 잠들기 전에 포트에 찻잎을 넣고, 주전자에 물을 담아 알람의 타이머를 설정하였다. 주전자에 서 물이 끓으면 물이 포트로 이동해 찻잎을 우려냄과 동시에 알람이 울리면서 단잠에 빠져 있는 사람을 깨운다. 지금은 티를 붓고 우유와 설탕을 그냥 넣어 마시면 된다. 천재적이지 않을 수 없다!

티 브레이크

영국에서 노동자들은 장시간 농장에서 고된 노동을 하거나, 공장에서 고강도의 작업을 진행하다가도 오전 중반과 오후 중반에 이르면 전통적으로 휴식을 위해 티 브레이크를 갖는다. 티 브레이크는 농장주, 공장주, 토지 소유자, 종교 지도자가 막으려 해도 결코 막을 수 없는 거의 전국가적인 관습으로 정착되었다. 티 브레이크는 티 레이디tea lady의 탄생을 이끌었는데, 이들은 보통 끓는 물을 담은 거대한 티 항아리가 중앙에 놓인 카트를 끌고 다니며 사무실에서 노동자에게 티와 비스킷을 공급하면서 '숨은 영웅'의 역할을 하였다. 이러한 티 레이디는 안타깝게도 자동판매기의 발명과 작업 환경의 변화로 인해 영국의 티 역사에서 전통 문화의 한 모습으로만 남게 되었다.

티 댄스

1700년대 초로 되돌아가 보면, 영국에서는 당시 인기 있던 오락 문화의 한 형태로 공공 정원에서 열리는 매우 특별한 행사가 있었다. 사람들은 이 행사를 통해서 만났고, 유명 연여 인들을 지켜보았으며, 춤을 추었고, 티를 마셨다. 행사가 열렸던 이곳은 당시 유원지나 티 가든 tea garden으로 불렸다. 런던에는 유명한 티 가든이 매우 많았는데, 특히 복스홀 Vauxhall과 래닐러 Ranelagh 등은 매우 인기 있는 행사 장소였다. 춤을 추고 티를 마시는 것이 크게 유행하면서 티 댄스도 등장하였다. 20세기 중반까지도 영국인들은 티 댄스를 즐겼다. 그러나 1960년대 들어서 대중문화가 급격히 변화하면서 티 댄스의 인기도 수그러들었다. 최근에는 과거의 전통을 즐기고 춤과 함께 티를 마시는 기쁨을 재발견하려는 사람들이 늘면서 티 댄스를 다시 찾는 복고적인 움직임이 일고 있다.

How nice to receive a Goblin Teasmade

EVERY morning of the year to be wakened to morning tea freshly made, ready at your bedside for enjoyment in cosy comfort, and what a happy daily reminder of the kind giver.
Goblin Teasmade is such a useful acquisition — besides making the tea and waking you on time it can be used as a tea or coffee maker at any other time of day (during T.V. for instance) and also it's a reliable electric clock.

GOBLIN TEASMADE DE LUXE MODEL, comprising electric clock, room lighting panels, electric kettle, special teapot and tray Price £15.2.10. P.T. paid (Crockery excluded).

GOBLIN 'POPULAR' MODEL
A modified design giving complete Teasmade service Price £9.8.3. P.T. paid (Shade 11/3 extra).

GOBLIN Teasmade

The British Vacuum Cleaner & Engineering Co. Ltd., (Dept. H/L) Goblin Works, Leatherhead, Surrey.
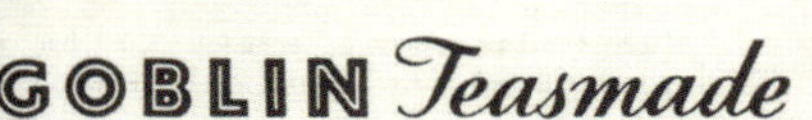

▲ 국가적인 보물. 중고 가거 에서 팔려고 내놓은 기네스와 티의 간판.

아일랜드

아일랜드는 너무도 사랑스러운 곳이다. 아일랜드인들은 티를 매우 끔찍이 여기는데, 실제로도 티를 유명 맥주인 기네스만큼이나 사랑한다. 아일랜드인들이 하루 평균 마시는 티는 4잔이지만, 많이 마시는 사람들의 경우에는 6잔 이상이나 된다. 연간 1인당 티 소비량은 세계에서 터키 다음으로 많다(18페이지 참조). 이와 같이 일상적으로 마시는 티이지만, 아이리시 티Irish tea, 또는 게일어로 쿠판 테cupan tae라고도 하는 이 티의 레시피는 티와 우유의 비율이 항상 2 대 1로 일정하다. 설탕도 티나 우유를 붓기 전에 컵이나 머그잔에 항상 먼저 넣는다. 1800년대 초반으로 거슬러 올라가면, 아일랜드에서는 오직 상류계층만이 티 문화를 향유할 수 있었다. 그러던 것이 불과 50년도 채 지나지 않아 에메랄드 섬(아일랜드의 별칭)의 모든 사람들이 티를 마시게 되었다. 이러한 티는 상품의 가치가 높아 시골 지역에서는 종종 달걀이나 우유와도 교환되었다. 특히 할인 판매 중인 티는 품질이 매우 낮았는데, 이때는 맛을 높이기 위해 우유와 설탕을 보다 더 많이 넣어 마셨다. 오늘날에도 아일랜드에서는 진하게 우려내 먹는 풍습이 있는

만큼, 외국에서 수입하거나 시장게서 판매하거나 가정에서 우려내 마시는 티들은 대부분이 큰 찻잎들로 블렌딩되어 있다. 따라서 아이리시 티는 대부분 강하고 진한 향미 를 띤다. 블렌딩하는 티로는 주로 아삼 티가 사용되는데, 실론 티나 등아프리카 티를 블렌딩하기도 한다.

☕ 티 한 잔의 이야기

찻잔에 무엇을 먼저 따라야 할까? 티? 우유? 영원히 풀리지 않는 문제이다. 과학적인 연구에도 불구하고 아직까지도 결론여 나오지 않았다. 확실한 것은 우유를 먼저 넣게 된 데는 중국의 자기 찻잔에 뜨거운 티를 담았던 그 시절로 거슬러 올라간다는 사실이다. 우유를 먼저 넣으면 적어도 자기 찻잔이 깨지는 것을 사전에 막을 수 있었기 때문이다.

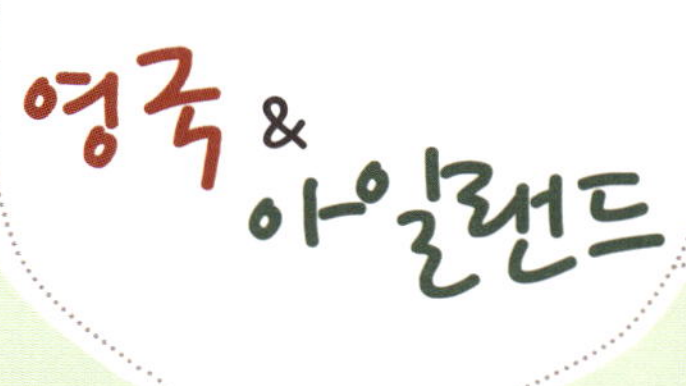

영국의 티 문화 중에서도 가장 잘 알려져 있으면서도 전통이 가장 잘 보존되고 있는 문화는 오후에 티를 마시는 관습이다. 이와 관련해서는 베드퍼드*Bedford*의 7번째 공작부인인 애나*Anna*에게 감사해야 한다. 애나는 아침과 저녁 사이의 공백 시간을 채우려는 생각에 오후 늦게 티에 짭조름하면서도 달달한 스낵을 곁들여 먹었다. 요즘은 어느 곳에서도 오후에 티를 즐길 수 있다. 영국과 아일랜드에는 수많은 사람들을 행복하게 할 수 있는 굉장히 다양한 상품의 티들이 널려 있다.

리츠 호텔
THE RITZ HOTEL
150 PICCADILLY, LONDON W1J 9BR
WWW.THERITZLONDON.COM

애프터눈 티를 완벽하게 경험하면서 그에 대한 지식을 충분히 익히고 싶지만 안타깝게도 주위에 정보를 제대로 알려 주는 사람이 없다면, 티 문화의 전통을 공식적으로 유지하고 있는 호텔들이 주위에 의외로 많다는 사실을 알아 두면 좋다. 리츠 호텔에서는 매일 신선한 애프터눈 티를 서비스하며, 피아니스트, 하피스트, 현악 5중주의 연주도 함께 제공한다. 리츠 호텔의 분위기는 친척을 방문하거나 특별한 날을 기념하거나 단지 자신만의 환상적인 수요일의 애프터눈 티를 즐기기에 비할 데 없이 완벽한 장소이다. 아무렴 어떤가?!

베티스 티 룸스
BETTYS TEA ROOMS
SIX LOCATIONS AROUND YORKSHIRE
WWW.BETTYS.CO.UK

베티스 티 룸스에서는 전반적으로 일류의 애프터눈 티를 제공한다. 빛나는 명성에 걸맞게 노련한 경험으로 맛있는 샌드위치, 핸드메이드 케이크, 갓 구워 낸 스콘(요크셔풍 고형 크림도 곁들인다)을 비롯해 찻주전자에는 신선한 티를 담아서 낸다. 요커셔 인근에 위치한 6곳의 명소는 모두 매혹적이며, 고풍스러운 건물 내에 들어서 있다.

애쿼 샤드
AQUA SHARD
LEVEL 31 THE SHARD, 31 ST THOMAS STREET,
LONDON SE1 9RY
WWW.AQUASHARD.CO.UK

시간에 쫓기지만 '런던에서 해야 할 일' 목록에서 두 가지는 꼭 하고 싶다면, 토머스가에 있는 애쿼 샤드에 자리를 예약해 티를 마셔 보는 것은 어떨까? 최고급 티와 함께 절묘한 음식을 먹을 수 있고, 런던에서 가장 높은 빌딩의 31층에서 런던의 숨 막힐 듯한 광경도 바라볼 수 있다. 티와 관광을 한 번에 해결하여 완벽 그 자체이다!

드링크, 숍 & 두
DRINK, SHOP & DO
9 CALEDONIAN ROAD, LONDON N1 9DX
WWW.DRINKSHOPDO.COM

영국의 많은 식당들이 최근 들어 부쩍 전통을 생활 속에 불어넣는 기존의 애프터눈 티 이미지에서 벗어나려는 움직임을 보이고 있다. 지금 애프터눈 티는 누구나 두루 접할 수 있어, 특히 젊은 사람들을 사로잡고 있다. 런던의 드링크, 숍 & 두는 그 대표적인 곳이다. 주말에는 '애프터눈 티와 할 일(afternoon tea and do)' 세션을 제공한다. 최고급의 애프터눈 티나 술이 가미된 애프터눈 티를 원하는 대로 선택할 수 있으며, 그 일부는 집으로 가져갈 수도 있다. 또한 꽃 머리띠, 레이스가 장식된 두건, 양말대님, 장신구 중에서 어느 하나를 택하여 벗들과 함께 티를 마시면서 공예품도 만들어 볼 수 있다.

리프
LEAF
65–67 BOLD STREET, LIVERPOOL L1 4EZ
WWW.THISISLEAF.CO.UK

리프에서는 애프터눈 티를 좀 더 신랄한 방식으로 경험해 볼 수 있다. 독립적으로 사업을 시작한 리프는 시장에서 틈새시장을 발견하여 예술과 빈티지 시장, 악단들의 공연을 즐길 수 있고, 밤에는 정규적인 클럽 활동도 즐길 수 있는 공간을 개발하였다.

티 가든
TEA GARDEN
7 LOWER ORMOND QUAY, DUBLIN 1
WWW.TEA-GARDEN.EU

티 가든은 더블린에서 비가 내리는 오후면 꼭 가 보고 싶을 만한 공간이다. 쿠션을 깐 바닥에 촛불을 밝힌 테이블, 아름답고 고요한 분위기로 바쁜 도심 속에서 잠시 벗어나 은신할 수 있는 최적의 장소이다. 놀라울 정도로 다양한 종류의 티로 즐거움을 선사하며, 잎차 메뉴를 별도로 구비하고 있어 구입 후 집으로 가져갈 수 있다. 진정으로 숨은 보배와도 같은 곳으로 아주 느긋한 분위기에서 고품격의 티를 즐기고 싶은 사람은 꼭 들러 보기를 바란다.

☕ 티 한 잔의 이야기
영국인들은 비스킷을 티에 적셔 먹는 습관이 있다. 스튜어트 페리먼드*Stuart Farrimond*의 최신 연구 결과에 따르면, 티에 비스킷을 적시는 시간은 대략 비스킷에 든 지방과 당의 함유량에 비례한다. 지방과 당의 함유량이 매우 풍부한 비스킷은 티를 충분히 적셔 주어야 한다는 사실을 입증한 것이다.

▼ 드링크, 숍 & 두 내의 티 테이블.

스웨덴, 노르웨이, 덴마크

스웨덴에서 티를 마시는 문화가 언제부터 시작되었는지는 단정하기 어렵지만, 바이킹들이 티를 마셨을 것으로 보고 있다. 물론 바이킹들이 그들의 모자에 티를 부어 마셨는지는 별도의 문제이다. 그 티는 안젤리카, 자작나무, 이끼에서 추출한 허브 블렌딩 티일 가능성이 높다. 커피를 마시는 일은 오늘날 북유럽 국가들에서 일상적인 문화로 자리를 잡고 있지만, 티를 마시는 일은 수많은 커피숍에서 이제 갓 인기를 끌고 있다. 티, 특히 녹차와 허브를 블렌딩한 티들은 마음을 편안히 하고, 몸을 건강하게 하여 커피의 좋은 대체재로 보인다. 수많은 커피숍의 벽에는 대형 양철 티 캔들이 장식으로 진열되어 있는데, 그 속에 든 티는 아름다운 색상을 띠도록 블렌딩하여 유리잔에 넣어 제공된다. 이때 우유는 필요 없다.

네덜란드

1610년에 일본에서 티를, 정확히는 녹차를 유럽으로 처음 들여온 네덜란드에 유럽인들은 매우 감사해야 한다. 네덜란드의 동인도 회사 The Dutch East India Company는 17세기 전반에 걸쳐 티의 주요 수입처로서 매우 성공한 무역회사였다. 영국의 국왕인 찰스 2세는 왕위에 오르기 전에 헤이그에서 망명 생활을 하면서 티를 접한 뒤 크게 매료되었다. 네덜란드는 티 무역 초창기에 아시아와의 무역에서 주도권을 쥐었지만 점차 쇠퇴하여, 결국에는 유럽의 여러 나라들과 경쟁을 벌여야만 했다. 그러나 티는 오늘날 네덜란드의 수많은 커피숍에서 매우 다양한 종류의 상품으로 또는 푸르트 티나 허브 블렌딩 티로 광범위하게 거래되고 있어 그 인기는 지금도 여전하다.

오늘날에는 네덜란드 하면 커피숍만 떠올릴 수 있지만, 그곳에서도 오롯이 티만 마실 수도 있어 걱정할 필요는 없다. 티와 함께 뜨거운 물이 담긴 유리잔이나 자기 제의 찻주전자를 주문하면 상상할 수 있는 온갖 종류의 다양한 티백이 든 선택 상자도 함께 나온다. 그러면 기호에 맞게 티백(가루차라도 상관없다)을 선택하여 뜨거운 물에 티를 우려내 마시면 된다. 네덜란드인들은 티에 우유를 넣지 않은 블랙으로, 아니면 연하게 먹는 습관이 있다. 만약 티에 우유를 넣어 마시기를 원한다면 특별히 따로 주문하면 된다.

☕ 티 한 잔의 이야기

스웨덴에는 '피카fika'라고 하는 커피 브레이크 문화가 있다. 이때는 사람들이 어디에서 무엇을 하든지 간에 잠시 하던 일을 멈추고 함께 모여 다과와 커피를 즐긴다. 티는 언제나 선택 사항이다! 피카는 동사와 명사로 모두 사용될 정도로 스웨덴의 문화에 매우 깊숙이 자리하고 있다.

암스테르담 코펜하겐 & 브뤼셀

그린우즈
GREENWOODS
KEIZERSGRACHT 465, 1017 DK AMSTERDAM
WWW.GREENWOODS.EU

상호가 영어 이름인 것도 있지만, 그린우즈는 네덜란드의 수도에서도 제일가는 영국식 티룸으로 조성되었다. 지역민과 관광객을 상대로 일약 대성공을 거둔 뒤로 지금은 반드시 거쳐 가야 할 관광 명소로 자리매김하였다. 판 헤일스 & 컴퍼니Van geels & Co.에서는 환상적인 프리미엄 잎차를 선보이고, 데 에인호른De Eenhorn에서는 최상급인 그랑크뤼Grand cru 품질의 잎차를 제공한다. 정말 모든 사람들이 좋아할 티들이다. 티 룸은 눈부시게 아름답도록 디자인되었으며, 가구는 매우 신중하게 들여놓아 최대한 편안한 분위기로 조성해 놓고 있다. 기나긴 날의 탐험에 앞서 에너지를 충전하려고 들렀든(에그 베네딕트를 먹으로 왔다고 하자!), 위안을 얻는 단 몇 분간의 시간을 보내기 위해 왔든, 대단히 귀중한 장소로 정말 찾아볼 만한 곳이다. 실제로는 위층의 방도 예약해 사용할 수 있다.

포르모샤 프레미움 티
FORMOCHA PREMIUM TEA
BROUWERSGRACHT 282, 1013 HG AMSTERDAM
WWW.FORMOCHA.NL

네덜란드 수도인 암스테르담 심장부의 이 아름다운 장소를 꼭 들러 보기를 권해 본다. 티 애호가들에게 이보다 더 좋은 낙원이 또 있을까? 포르모샤는 네덜란드에 처음 들어선 중국 찻집인데, 중국 찻집으로는 지금까지도 유일하다. 세심하게 선별한 최고급의 중국 잎차를 놀라울 정도로 풍부하게 구비하고 있다. 매력적이면서도 티에 깊은 조예를 갖춘 주인이 처음 방문한 사람에게도 마치 가까운 친구인 듯 친절하게 자리를 안내해 도시에서 누구나 편안하게 최상급의 티를 즐길 수 있다. 티 하우스 면에서 포르모샤는 티 기반의 유토피아에서 누구나 편히 보낼 수 있도록 조용한 환경을 조성해 놓고 있다. 그야말로 별세계가 아닐 수 없다! 어느 오후에 암스테르담의 시가지를 거닐고 있다면, 이곳에 꼭 들러 티를 마셔 보길 바란다.

A. C. 퍼치스 티 머천트
A. C. PERCH´S TEA MERCHANTS
KRONPRINSENSGADE 5, 1114 COPENHAGEN K
WWW.PERCHS.DK

덴마크에서도 오늘날 티가 크게 유행하고 있다. 허세도 없이 아담하면서 고풍스러운 티 숍에서는 상상을 초월할 정도의 다양한 티들을 소장하고 있다. 그야말로 넋이 나갈 정도이다. 정말로 그렇다! 티 숍은 실내의 곳곳에 잎차들이 담긴 병들이 즐비해 있어 마치 옛 시절의 약국을 연상케 한다. 손님이 티를 선택하여 잎차를 들어내면 대기해 있던 매너를 갖춘 직원

이 와서 매우 화려한 놋쇠로 된 저울로 그 무게를 잰다. 티 숍 내에 볼거리가 없다면, 한 곁의 티 룸에서 눈부시도록 아름다운 티들을 즐겨 볼 수 있다. 이외에 달콤한 케이크 조각이나 고품격의 티 옵션들도 맘껏 맛볼 수 있다.

닥 & 카페
DAC & CAFE
STRANDGADE 27B, 1401 COPENHAGEN K
WWW.DAC.DK

덴마크의 수도인 코펜하겐의 거리에는 수많은 티 룸들이 들어서 있다. 그렇다면 이 장소로 직행해 보는 것은 어떨까? 덴마크 건축 센터Danish Architecture Centre 내에 위치한 작은 카페이다. 티 한 잔을 즐기는 데 최적의 장소라고는 볼 수 없다. 왜냐하면 맥주도 팔기 때문이다. 건물이 난데없이 불쑥 등장하여 도시에서 마치 '항구로 향하는 길'을 잘못 들어 몇 시간을 헤맸을 사람들에게는 매우 큰 환영을 받는 '피난처'와도 같다. 그리 두려할 것은 없다. 카페에서는 매우 훌륭한 음식과 사랑스러운 찻주전자에 티가 담겨 나온다! 유리 발코니의 전망대로도 꼭 발걸음을 옮겨 보길 바란다. 도시의 아름다운 광경과 함께 항로를 따라 오가는 선박을 보고 있노라면, 마치 최면에 걸린듯한 몽환적 기쁨도 맛볼 수 있을 것이다. 여기에 항구의 반대편으로는 코펜하겐에서도 이름난 트램펄린 보도가 보인다. 뛰노는 사람들을 보면서 혼자만의 즐거운 시간을 보내는 것도 좋지 않을까?

에이엠 스위트
AM SWEET
RUE DES CHARTREUX 4, 1000 BRUSSELS

진기한 목재 건물 정면 뒤로는 가족이 공동으로 운영하는 아주 매혹적인 티 룸이 있다. 브뤼셀 한복판의 숨은 보석과도 같은 이 티 룸은 현지인들도 관광객들도 모두 소중하게 여기는 곳이다. 이곳에서는 마리아주 프레레Mariage Fréres 브랜드의 방대하리만큼 많은 종류의 티들과 함께 훌륭한 모양의 케이크와 페이스트리들을 풍부하게 맛볼 수 있다. 에이엠 스위트의 티 룸은 티 한 잔을 급히 마시든, 황홀한 오후를 느긋하게 보내든, 분위기가 놀라울 정도로 아늑하여 결코 자리를 뜨고 싶지 않을 정도의 분위기이다. 공간이 협소하다고들 하지만, 곳곳에 놓여 있는 수많은 목재 테이블이 이곳만의 진정한 매력을 더해 줄 것이다. 더욱이 위층의 편안한 소파로 몸을 옮기면, 그야말로 행복한 광경이 또 없을 것이다! 이 장소가 썩 마음에 내키지는 않는다고 해도 주인이 키우는 멋진 애완견이 카페 안을 총총거리며 자유로이 돌아다니는 모습을 보면 누구나 반해 버릴 것이다. 비록 주인이 애완견에게 먹이를 절대 주어서는 안 된다고 당부하지만, 가끔은 정말로 주고 싶어 견딜 수가 없다.

페퍼민트 티 룸
PEPPER MINT TEA ROOM
11 RUE DES GRANDS CARMES, 1000 BRUSSELS

작고 깜찍한 자갈들이 깔린 길가에 있는 이 벨기에풍의 티 룸은 브뤼셀의 관광 명소 그랑 플랑스Grand Place 광장의 부산하고도 혼잡함으로부터 탈출하려는 이들에게는 그야말로 환상적인 은신처이다. 이 아담한 티 룸은 그냥 스쳐 지나치기 쉽지만, 친절하게 반겨 주는 주인과 아늑하고도 포근한 분위기로 인해 확실히 가볼 만한 곳이다. 아침 겸 점심이나 가벼운 점심과 함께 전 세계의 스페셜티 티 한 잔을 마시며 긴장을 풀어 보기에는 정말 안성맞춤인 곳이다.

▼ 네덜란드 수도 암스테르담의 그린우즈 카페.

◀ 독일 함부르크의 티 상자.

독일

네덜란드와 국경을 접한 독일에서는 티가 유럽에 처음으로 소개된 지 얼마 되지도 않아 곧바로 전파되었다. 티는 처음에 약재로만 사용되었지만, 지난 100년 동안 점차 인기를 얻으면서 오늘날에는 음료로 널리 확산되었다. 티의 수요는 집에서 만드는 수제 맥주까지도 앞질렀다! 독일에서 티는 항상 고가의 사치품으로 간주되어 두 번이나 금수 조치가 내려졌다. 이에 따라 밀수입도 성행하면서 당시 독일인들은 홍차(또는 녹차나 백차)를 마련해 티로 우려내 마시는 일을 비밀로 부치곤 했다. 그때 '티 혁명'이 일어난 것이다!

17세기에 네덜란드 티의 주요 소비국은 당시 독일 북서부에 위치한 동프리시아East Frisia였다. 동프리시아에서는 사람들이 티를 매우 많이 마셨다. 동프리시아가 만약 이 당시 주권 국가였다면, 아마도 1인당 연간 티 소비량이 당시 중국이나 아일랜드를 훨씬 더 앞질렀을 것이다! 19세기에 유럽과 독일에서 커피가 대중화되었을 무렵에도 동프리시아의 사람들은 경제성을 고려하여 티를 고수하였다. 커피는 그라인더나 필터가 필요하였던 반면, 찻잎은 그런

티에 크림층을 만드는 방법

1. 아삼 티를 진하게 우린다.

2. 에스프레소 잔 크기의 아주 작은 컵이나 유리잔에 각설탕 한 덩어리를 넣고 티를 붓는다. 이때 위에 크림층을 올릴 공간을 남겨 둔다.

3. 컵의 가장자리를 따라 스푼 뒷면 위로 크림을 부으면 위에 층이 만들어진다. 티 아래쪽으로는 크림이 번지면서 마치 구름처럼 보인다.

4. 마시기. 입술에 닿은 설탕과 크림이 진한 티를 부드럽게 해 준다.

☕ 티 한 잔의 이야기

제2차 세계 대전 중에는 독일에서 티가 배급되고 남은 '티카르텐teekarten'이 동프리시아 지역에 보급되면서, 이곳의 티 애호가들이 하루 섭취량을 겨우 마실 수 있었다.

것들이 없어도 여러 회 우려내 마실 수 있었기 때문이다. 사람들에게는 비교적 잘 알려져 있지 않은 사실이지만, 동프리시아의 주요 항구였던 함부르크는 수많은 티 관련 업체들이 주요 근거지를 둔 세계 티 무역의 중심지였다는 것이다. 실제로 독일은 티 무역에서 자국 내에서 소비하는 양보다 해외로 재수출하는 양이 더 많다. 전 세계의 곳곳에서 소비되는 수많은 프리미엄 티들이 함부르크에서 활동하는 티 수입업자를 통해 재수출되었던 것이다.

독일에서 주로 마셨던 티는 잎차였다. 독일 전역에서 인도의 다르질링Darjeeling, 아삼Assam, 실론 티, 중국 티 등 고품질의 잎차를 판매하였던 전문적인 티 숍만 2500곳이 넘었다. 독일의 티 애호가들이 티에 대한 식견이 무척 높고, 특히 고품질의 티를 선호하게 된 데는 제2차 세계대전 이후에 품질과는 상관없이 티 1kg당 4마르크 이상의 높은 세금이 부과되었던 이유도 있다. 이는 티의 품질이 높을수록 가격도 높았음을 뜻한다. 베를린 장벽이 무너지기 전에 동독에서는 물물 교환의 한 방식의 티를 보조금 대신에 지급하였다. 그런데 독일이 통일되자, 그러한 형태의 보조금 지급이 중단되면서 티의 가격이 폭등하여 안타깝게도 독일 내 티의 소비가 격감하였다.

다시 동프리시아를 이야기하자면, 이 지역에서는 매우 독특한 방법으로 티를 만들어 마셨는데 일종의 티 의식이었다. 이 특별한 의식에서 티는 설탕, 티, 크림이 3개의 층을 이루고 있으며, 각각 땅, 바다, 하늘(또는 구름)을 의미했는데 절대로 휘저으면 안 되었다 (티에 크림층을 만드는 방법은 왼쪽을 참조).

동프리시아 (독일인들은 동프리슬란트라고도 한다)에서는 티가 매우 대중적이다. 티 전문 박물관도 두 군데나 있어 가 볼 만하다.

뷘팅 박물관
BÜNTING TEEMUSEUM
BRUNNENSTRASSE 33, 26789 LEER
WWW.BUENTING-TEEMUSEUM.DE

동프리시아 남부 레어Leer 지방에 가면 티 박물관을 들러보길 바란다. 이 박물관에서는 400년에 이르는 티 역사를 익힐 수 있고, 지역 티 축제도 기념한다. 현지인처럼 행동하면서 '프로스트 테prost tee!'라고 말해 보라. '티로 건배!'라는 뜻이다.

오스트프리시스세스 박물관
OSTFRIESISCHES TEEMUSEUM
AM MARKT 36, 26506 NORDEN
WWW.TEEMUSEUM.DE

북동 프리시아 지역인 노르덴 시에 위치한 이곳은 독일에서도 두 번째로 유명한 티 박물관이다.

상수시 공원의 키넨시세스 하우스
CHINESISCHES HAUS IM PARK SANSSOUCI
AM GRÜNEN GITTER, 14469 POTSDAM
WWW.SPSG.DE/SCHLOESSER-GAERTEN/OBJEKT/
CHINESISCHES-HAUS

독일 중부의 포츠담에는 피어 야레스차이텐Vier Jahreszeiten 호텔과는 사뭇 대조적으로 다소 생소한 중국식 티 하우스인 위 가르덴Yu Garden이 있다. 금으로 장식해 중국의 찻집을 상하이로부터 고스란히 옮겨 온 듯한 이곳은 상수시 공원Sanssouci Park이 아름다운 배경으로 둘러싸여 있다. 18세기 중반에 만들어졌지만 오늘날에도 여전히 사람들의 입에 오르내린다. 평온한 공원에서 노닐다가 이 완벽한 장소에 잠시 들러 티 한 잔을 마셔 보는 것도 좋다.

메스메어 박물관
MESSMER MOMENTUM
AM KAISERKAI 10 20457 HAMBURG
WWW.MESSMER.DE/MESSMER-MOMENTUM

함부르크 '티 지구' 중심부에 위치한 메스메어 박물관은 티에 관련된 전시물들에 대해 전문가로부터 해설을 들으면서 관람한 뒤 편안한 분위기의 티 라운지에서 잠시 앉아 다양한 티 메뉴를 즐길 수 있는 또 하나의 성지이다.

피어 야레스차이텐 호텔
VIER JAHRESZEITEN HOTEL
INNER ALSTER LAKE
NEUER JUNGFERNSTIEG 9-14 D-20354 HAMBURG
WWW.FAIRMONT.COM/VIER-JAHRESZEITEN-
HAMBURG

함부르크에 있는 동안에 웅장한 피어 야레스차이텐 호텔에 꼭 방문해 보기를 권해 본다. 전망이 호수로 둘러싸여 호화롭고 스펙터클한 분위기에서 애프터눈 티를 즐겨 볼 수 있다. 그야말로 완벽한 장소이다.

▲ 함부르크에 위치한 메스메어 박물관의 티 라운지와 따뜻한 티 한 잔.

프랑스

프랑스의 티 역사는 영국과 매우 비슷하다. 티가 유입된 무역 항로가 비슷하고 세계화도 거의 같은 무렵에 이루어졌기 때문이다. 그러나 두 나라에는 한 가지 다른 점이있다. 영국에서 프랑스로 티가 전파될 때는 사치품으로 소개되었고, 오직 귀족 계층만이 향유할 수 있었다. 19세기에 영국 사대주의자의 '티 마시는 문화'는 곧 프랑스 전역으로 퍼졌고, 부유한 사람들이라면 누구든지 티를 즐길 수 있었다. 더욱이 프랑스에서는 영국보다 더 많은 티 살롱이 생겼다. 오늘날의 프랑스에서는 마카롱, 타르트, 페이스트리 등을 먹을 때면 항상 티를 곁들인다. 티를 마실 수 있는 깔끔하고 여유로운 공간은 현대인들이 바쁘게 쫓기는 일상생활에서 잠시 벗어나 쉴 수 있는 좋은 휴식처가 되고 있다. 프랑스인들은 고품격 티의 섬세한 향미를 선호하여 우유를 넣어 마시지는 않는다. 한 가지 더 언급하자면, 와인과 마찬가지로 티의 테루아(산지)에 대한 관심도 높아지고 있으며, 특정 음식과 페어링을 통해 곁들여 먹는 일도 그 인기가 더욱더 높아지고 있다는 점이다. 이로 미루어볼 때 프랑스에서도 이미 '티의 혁명'이 일어난 것으로 보인다. 프랑스에서는 오래전부터 티의 의약적 효능에 크게 주목해 왔다. 태양왕 루이 14세 XIV, 1638~1715는 소화를 돕고 통풍을 예방하기 위해 티를 처방받았다. 프랑스에서도 알프스와 프로방스 지역은 '티잰tisane' 또는 '허브티herbal infusion'를 약재로 사용해 온 위대한 전통이 있다.

오노레 드 발자크 Honoré de Balzac, 1799~1850
/프랑스 소설가, 극작가

▶ 프랑스 파리 생 오노레Saint-Honoré 거리의 한 가게인 아스티에 드 빌라트Astier de villatte에 전시된 공예 주전자와 컵, 그리고 머그잔들.

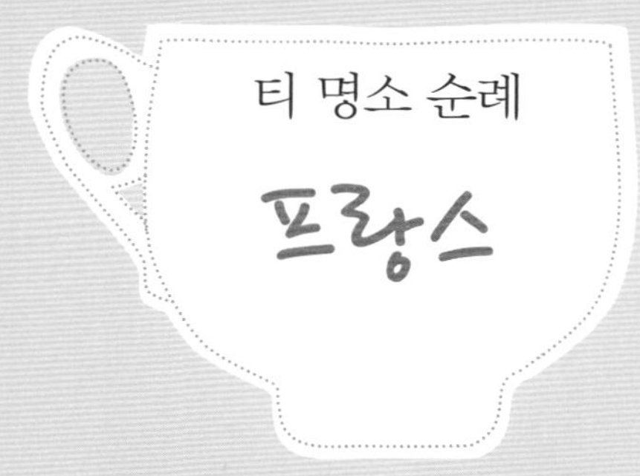

마리아주 프레레
MARIAGE FRÈRES
13 RUE DES GRANDS-AUGUSTINS, 75006 PARIS
WWW.MARIAGEFRERES.COM

프랑스의 이 유명 티 업체는 그 역사가 19세기까지 거슬러 올라간다. 앙리Henri, 에두-르 마리아주 Edouard Mariage 형제가 1854년에 회사를 창립하였다. 지금은 크고 작은 티 살롱과 프랜차이즈 전문점들이 프랑스를 비롯하여 전 세계에 퍼져 있으며, 방대한 종류의 티와 티 용품들을 판매하고 있다. 고요하면서도 세련된 분위기에서 방대한 메뉴의 티와 독특한 티 푸드들을 제공한다. 유명 브랜드인 두새르 뒤 테 douceurs du thé (티 딜라이트) 샘플, 사람들이 티와 함께 즐겨 먹기를 선호하는 아이콘이기도 한 다크 초콜릿 스폰지 케이크인 카레도르carré d'or, 먹을 수 있는 금박으로 장식된 소금 캐러멜, 레드커런트redcurrant의 과일 소스가 함께 화려하게 제공된다.

라뒤레
LADURÉE
75 AVENUE DES CHAMPS-ELYSÉES, 75008 PARIS
WWW.LADUREE.COM

프랑스에서 식사와 함께 티를 제대로 즐겨 보려면 반드시 들러야 하는 곳이 있다. 바로 라뒤레Ladurée이다. 오늘날 크러스트 사이에 필링을 채운 형태의 마카롱이 1862년에 처음 개발된 곳이다. 여러 살롱들이 파리 곳곳에 있지만, 그중에서도 플래그십 살롱 flagship salon이 가장 유명하다.

담 케이크-살롱 드 테
DAME CAKES – SALON DE THÉ
70 RUE SAINT ROMAIN, 76000 ROUEN
WWW.DAMECAKES.FR

아름답고 호화롭게 장식된 정문은 찾는 이들로 하여금 처음부터 경탄을 자아내도록 한다. 살롱 드 테 Salon de thé는 2층 갑판으로 건축되어 있는데, 바쁘거나 북적거리지도 않는다. 매우 조용하고 차분한 분위기 속에서 달콤하면서도 짭짜름한 마리아주 프레레 티와 홈메이드 딜라이트를 즐긴다면 일상의 단조로움에서 벗어날 수 있을 것이다. 위층에서는 노트르담 성당의 경관을 가장 잘 볼 수 있다. 후식용 빵인 피낭시에financiers와 마들렌을 충분히 먹지 못했다면 테이크아웃하여 집에서 먹는 것도 좋다!

카밀리 부크·티
CAMILI BOOKS & TEA
155 RUE DE LA CARRETERIE, 84000 AVIGNON
WWW.CAMILI-BOOKSANDTEA.COM

이곳은 티 룸이면서도 영국풍의 중고 서점이다. 실내에서는 테이블에 앉아 티를 마시거나 좋아하는 책을 골라 읽으면서 시간을 보낼 수 있다. 다양한 메뉴의 티와 최고의 케이크를 주문해 보라! 여름에는 야외 테라스로 나가 밖을 바라보며 알 프레스코Al fresco 아이스티를 마셔 보는 것도 좋다.

에프뤼시 드 로트실트 빌라
THE VILLA EPHRUSSI DE ROTHSCHILD
06230 ST-JEAN-CAP-FERRAT
WWW.VILLA-EPHRUSSI.COM

니스나 모나코에서 10km만 드라이브하면 에프뤼시 드 로트실트Ephrussi de Rothschild 빌라가 있다. 이 아름다운 베네치아풍 빌라의 티 룸에서는 빌프랑슈 Villefranche 해안가의 빼어난 경관을 바라볼 수 있다. 티만 마시거나 페이스트리와 겸해 티 한 잔을 마시면서 이 경관을 오래 앉아 지켜보는 것도 나쁘지 않다. 정원 또한 입이 벌어질 만큼 아름답다.

아쿠아렐 카페
AQUARELLE CAFÉ
16 BIS AVENUE ALFRED BORRIGLIONE, 06100 NICE
WWW.AQUARELLE-CAFE.COM

과자와 같은 단것을 좋아한다면 컵케이크의 천국이라 할 이곳에 가 보기를 권해 본다. 전 세계의 다양한 티들이 구비되어 있고, 화사하고 경쾌한 분위기의 공간에는 독특하면서도 기이한 이름의 컵케이크들이 많이 진열되어 있다.

동유럽, 러시아, 중앙아시아

티는 17세기에 북유럽(20~33페이지)과 마찬가지로 동유럽, 러시아, 중앙아시아 지역에도 소개되었다. 그런데 이들 지역에는 북유럽이 해상 무역 루트를 통해 티가 전파된 것과는 달리 그 이름도 유명한 카라반들의 육상 무역 루트, 실크로드를 통해 티가 전파되었다. 이들 지역에서는 사모바르라는 찻주전자를 사용해 티를 우려낸 뒤 사람들이 함께 모여 마시는 티 문화를 공통적으로 엿볼 수 있다.

동유럽

동유럽의 국가들은 실크로드를 통해 티 문화가 강력히 발달한 러시아와 해상 무역 루트를 통해 티 문화가 발달한 서유럽 국가에 비하면, 다소 밀려난 느낌이다. 티가 동유럽으로 전파된 시기가 조금 늦었기 때문일는지도 모른다. 실제로 체코 공화국에서는 1848년까지도 티 문화가 전혀 전파되지 않은 상태였다. 당시 러시아의 유명한 아나키스트인 미하일 바쿠닌Mikhail Bakunin, 1814~1876이 프라하의 어느 티 하우스에서 티를 주문하자, 점원에게서 매우 어리둥절한 시선을 받아야만 했을 정도였다. 제1차 세계대전이 발발하여 티 문화가 급격히 유행하면서부터 프라하에는 150개 이상의 차요브니čajovny (티 하우스)가 우후죽순처럼 생겨났다. 그런데 티 문화는 공산주의 시대로 접어들면서 완전히 사라져 버렸다. 오늘날의 편안하면서도 흥겨운 분위기의 차요브니가 다시 등장한 것은 비교적 최근의 일이다. 폴란드는 티를 즐기는 사람들이 많은 나라로, 전 세계 티 소비 국가 중에서도 톱 20위에 든다. 당연히 커피보다 티를 더 많이 소비하는 국가이다. 손님이 어느 한 가정을 방문하였을 때는 보통 홍차를 내면서 반긴다. 티에 우유를 넣어 마시는 것을 바바르카bawarka라고 하는데, 바이에른 스타일Bavarian style라는 뜻이다. 푸르트 티와 허브티를 마시는 강한 전통이 있다(엄밀하게는 티잰이라 하며, 134페이지 참조).

▲ 프라하 구시가지에 있는 전통 티 하우스의 입구와 간판.

티 명소 순례
동유럽

차도
CHADO
UUS TN 11, 10111 TALLINN
WWW.CHADO.EE

에스토니아는 동유럽 국가들 중에서도 가장 매력적인 티 숍들이 있는 곳이다. 탈린Tallin의 뒷골목에 둥지를 튼 이 아늑하고도 고풍스러운 공간에는 티 숍에 관해 떠올릴 수 있는 모든 것들이 갖춰져 있다. 별나고 친근한 분위기 속에서 편안한 마음으로 희귀한 티의 수집품들을 훑어보거나 티를 완벽히 우리는 비밀에 관하여 모든 것을 배울 수 있다. 가게 주인과 이야기를 나눠 보면, 티에 대한 강한 열정과 사랑을 곧바로 느낄 수 있다.

도브라 차요브나
DOBRÁ ČAJOVNA
VÁCLAVSKÉ NÁMĚSTÍ 14, 11100 PRAGUE

체코에서는 전국 곳곳에서 티 하우스를 볼 수 있어 티를 훨씬 더 자연스럽게 접할 수 있다. 프라하의 중심부에 위치한 도브라 차요브나Dobrá Čajovna는 체코에서 티 혁명에 새로운 불을 지핀 곳이기도 하다. 지금은 체코 전역에 걸쳐서 체인점을 두고 있으며, 일부 사람들에게는 그곳이 너무 식상한 관광지가 아니냐는 인식이 들기도 한다. 이곳에서는 매우 다양하고도 특별한 티들을 풍부하게 보유하고 있으며, 분위기도 매우 아름답게 연출되어 있다.

차이드진카 드지를로
ČAJDŽINICA DŽIRLO
KOVAČI 16, 71102 SARAJEVO

당신이 찾는 곳이 소박하면서도 아주 매혹적인 티 하우스라면 이곳만 한 데도 또 없다! 두말할 나위도 없이 훌륭한 이 티 하우스에서는 전 세계의 산지에서 들여온 방대한 종류의 티들을 친절한 서비스로 제공하면서, 아울러 티에 관한 풍부한 지식들도 알려 준다. 보스니아 헤르체코비나 공화국의 수도인 사라예보를 지난다면 눈부시도록 아름다운 이곳을 꼭 들러서 즐거운 경험을 가져 보길 바란다. 틀림없이 몇 시간이고 죽치고 앉아 티를 마시며 다른 관광객들과 담소를 나누고, 현지인과의 유익한 대화도 나눠 볼 수 있을 것이다.

차요브나 포드제미
ČAJOVŇA V PODZEMÍ
VENTÚRSKA 9, 811 01 BRATISLAVA

차요브나 포드제미를 굳이 표현하면, '티 룸의 또 다른 숨은 보석'이라 할까. 이때 '숨은'이란 표현을 사용한 것은 이곳이 슬로바키아의 수도인 브라티슬라바Bratislava 중심부에서도 매우 후미진 곳에 있기 때문이다. 이 티 룸은 긴장을 풀려는 사람들에게 티로 매우 특별한 경험을 선사해 줄 것이다. 느긋하면서도 편안한 분위기 속에서 세계 곳곳에서 온 블렌딩 티들을 한껏 즐길 수 있다. 또 병아리콩 페이스트리인 훔무스hummus에 관한 굉장한 사실들도 들을 수 있는데, 다 듣고 나면 훔무스를 좋아하지 않을 사람은 아마도 없을 것이다. 오늘날 동유럽에서는 자유로우면서도 친근한 '히피'의 문화가 확산되고 있는 것만큼은 분명한 사실 같다.

카자흐스탄과 우즈베키스탄

카자흐스탄은 아시아와 러시아를 잇는 무역 경로였기 때문에 티를 마시는 문화가 매우 강하게 발달되어 있다. 거의 모든 국민들이 티를 마시는데, 티만 마시는가 하면 종종 티를 음식과 함께 곁들여 여럿이서 둘러앉아 마시기도 한다. 손님에게는 언제나 따뜻한 티가 대접되는데, 큰 찻주전자에 담긴 티를 작은 잔에 따라 마신다. 이 입이 벌어진 모양의 잔은 카시르kasir라고 한다.

카자흐스탄 사람들은 차가운 음료는 건강에 좋지 않다는 인식이 있어 카시르를 항상 절반만 채운다. 티는 항상 따뜻하게 마시며, 티를 다 마실 즈음에는 카시르를 돌려보내 다시 티를 반만 채운다. 또 이 티를 다 마실 즈음에는 다시 카시르를 돌려보내 채우기를 반복하여 여러 차례에 걸쳐 티를 마신다. 우즈베키스탄은 동서 교통로였던 실크로드의 한복판에 위치해 있어 수 세기 동안에 이곳을 지나는 카라반들에게 접대를 해 왔다. 이러한 접대는 다소 형식적이면서도 우아한 의식인 우즈베키스탄 특유의 다도를 통해 이루어졌다. 손님이 집을 방문하면 안주인은 티를 보통 갓 구운 전통 스낵과 둥근 빵을 함께 낸다. 찻주전자에서 갓 우려낸 티를 피알라piala라는 자기 찻잔에 따른 뒤 다시 찻주전자에 되돌려 담는 과정을 세 번 정도 반복한다. 그러면 티의 맛과 향은 더욱더 풍부해지면서 발전한다. 찻잔에서 찻주전자로 처음 되돌려 담는 것을 로이loy, 두 번째의 것을 모이moy, 세 번째 이후의 것만을 오직 초이choy 또는 티라고 한다. 그리고 이러한 과정이 네 번째에 이르면 비로소 티를 손님의 피알라에 따른다. 이때 안주인은 손님을 공경하는 의미로 피알라에 티를 절반만 따른 뒤 왼손은 가슴에 대고, 오른손으로는 피알라를 들어 손님에게 건넨다. 녹차든 홍차든 티는 뜨거운 상태로 마셔야만 전체적인 향과 맛을 제대로 느낄 수 있다. 우즈베키스탄에서 흔히 볼 수 있는 티 하우스로는 차이카나스Chaikhanas가 있는데, 이곳에 모인 사람들은 보통 차이니크chainik라는 자기 그릇에 담긴 티를 마시면서 자신들의 사업 문제나 국제 정세에 관해 이야기를 나눈다.

▲ 시골 재래시장에서 발견한 옛 모델의 사모바르.

러시아

17세기에 러시아로 처음 유입될 무렵에 티는 다른 많은 국가에서도 오직 귀족들만이 향유할 수 있는 사치품이었다. 그런데 러시아는 유럽의 다른 나라들과는 그 유입 과정이 확연히 다르다. 유럽에는 티가 해상 무역 루트를 통해 유입되었지만, 러시아에는 티가 중국으로부터 실크로드를 따라 이동하는 카라반의 낙타에 실려 왔기 때문이다. 이 대장정은 완주하는 데만 1년이 넘게 걸렸다. 이러한 교역상의 문제로 티는 사치품으로서의 지위를 꽤 오랫동안 누릴 수 있었다. 그러나 1880년에 시베리아 철도가 완성되면서 이 무역 대장정의 시간은 2개월로 대폭 단축되었고, 그 결과 티는 더 많은 지역에서 더 낮은 가격으로 거래될 수 있었다. 이때부터 오늘날의 사모바르도 큰 인기를 끌었다. 사모바르는 문자 그대로 '스스로 물을 끓이는 용기self-boiler'를 뜻한다. 보통 구리, 니켈이나 은으로 제작되는 이 대형 주전자는 뜨거운 물을 대량으로 저장할 수 있고, 티를 매우 진하게 우려낸 뒤 농도를 적당히 묽혀서 마실 수 있도록 설계되어 있다. 역사적으로도 사모바르는 늘 뜨겁게 유지되었으며, 러시아인들은 이러한 사모바르를 통해 티를 언제, 어디서나 원할 때마다 마실 수 있었다.

티는 오늘날까지도 러시아인의 생활에서 중요한 양식으로 자리를 잡고 있으며, 식후에는 애프터눈 티afternoon tea로도 많이 마신다. 그러나 오후라는 뜻의 '애프터눈'이라는 이름에도 불구하고, 러시아인들은 하루 일과에서 언제, 어디서나 티를 마신다. 또한 집에 손님이 방문하면 늘 티를 대접하였는데, 이때 티와 최상의 조화를 이루는

러시아 티 만드는 방법

사모바르가 비록 준비되어 있지 않더라도 염려할 것은 없다. 다음의 단계를 따른다면 러시아 티의 모든 향미를 충분히 즐길 수 있다. 다만 작은 찻주전자와 스트레이너는 준비해 두어야 한다.

1 작은 찻주전자에 홍차 잎차를 사람 수에 맞춰 티스푼 단위로 넣는다. 여기에 홍차 잎차 1티스푼을 추가한다. 러시아풍의 스모키한 맛을 경험해 보고 싶다면, 정산소종(또는 랍상소총lapsang souchong이라고도 한다)을 넣으면 된다.

2 작은 찻주전자에 끓는 물을 조금만 담는다.

3 티를 3~4분 정도 우려낸다.

4 진하게 우려낸 티를 컵에 조금 따라 내고, 거기에 뜨거운 물을 가득 채운다.

5 위에 레몬 한 조각을 살짝 올리고 설탕을 충분히 넣는다. 러시아 티에는 우유나 크림을 거의 넣지 않는다.

PART 1 티를 즐기는 세계인들

티 한 잔의 이야기

티에 잼을 곁들여 먹고 싶은가? 러시아에서는 티에 우유를 넣지 않는다. 그 대신에 잼과 유사한 요리를 티에 조금 곁들여 먹는다. 이런 과일 잼을 바렌예varenye라고 하는데, 보통 티를 마시며 티스푼으로 떠먹는다. 바렌예와 맛이 가장 비슷한 것이 블랙커런트black current 잼이다.

달콤하고도 짭짜름한 맛의 과자와 케이크를 내었다. 더욱이 밤에는 보드카와 함께 즐기기도 한다. 이러한 이유로 일부 사람들은 티가 보드카보다 더 국민적인 음료라고 한다. 녹차와 허브티(또는 티잰)가 오늘날 젊은 사람들에게 큰 인기를 끌고 있지만, 아직은 러시아 사람들의 대부분이 홍차를 마신다. 이 홍차는 보통 중국이나 인도에서 들여온 것들이다. 중국에서 수입하는 홍차 중 특히 인기 있는 것은 기문keemun이다. 그 밖에도 우롱wulong, oolong이 큰 인기를 끌고 있다. 러시아풍의 분위기 속에서 티를 마시고 싶다면 그 유명한 러시안 티 룸Russian Tea Room에 들러 보는 것도 좋다. 러시안 티 룸은 러시아가 아닌 뉴욕 맨해튼에 위치해 있다. 러시아 국립 발레단의 일원이었던 사람들이 1927년에 설립한 곳으로 러시아 현대풍으로 훌륭하게 장식되어 있다.

> "세상이 지옥이 될지라도, 나는 항상 기꺼이 티를 마시겠네!"
> 표도르 도스토옙스키 Fyodor Dostoyevsky, 1821~1881 / 『지하 생활자의 수기Notes from Underground』 중에서

티 한 잔의 이야기

러시아인들은 일반적으로 잎차를 선호하며, 특히 다양한 강도로 훈련된 가향·가미의 티를 선호한다. 여기에 관한 로맨틱한 표현이 있다. 훈련된 티의 맛은 그 기원이 과거 카라반들이 실크로드를 따라 운송하던 그 시절로 거슬러 올라가며, 그 길을 따라 열었던 캠프파이어의 연기에 노출되었을지 또 누가 알겠는가?

티는 러시아의 많은 가정에서 변함 없이 깊은 사랑을 받고 있다. 그렇다면 집밖에서나 길거리에서 티를 즐길 수 있는 유명한 곳으로는 또 어디 없을까? 여기서 소개하는 곳은 현지인들의 접대를 한껏 받으며 신나게 즐길 수 있고, 아주 근사한 티 한 잔도 마실 수 있는 곳이다.

다고미스 티 플랜테이션
DAGOMYS TEA PLANTATION
302 ZAPOROZHSKAYA ST, UCH-DERE, SOCHI 354231
WWW.DAGOMYSTEA.RU

티를 열렬히 사랑하는 사람이라면 러시아에서는 유일하게 차나무를 직접 재배하는 다고미스 다원을 꼭 가 보길 바란다. 다원을 둘러보다가 주변의 아름다운 자연 환경을 배경으로 한 아늑한 오두막에서 티를 즐길 수도 있다. 티는 전통 사모바르에 담겨 나오는데, 달콤한 과자와 현지의 별미도 함께 나온다. 티에 관해 더 알기를 원한다면, 전통 의상을 입은 여성이 라이브 포크 뮤직이 흐르는 곳으로 안내해 준다. 러시아의 전통 티 문화를 경험해 보고 싶다면 반드시 가 보아야 할 곳이다.

페를로프 티 하우스
PERLOV TEA HOUSE
19 MYASNITSKAYA ST, MOSCOW 101000

상트페테르부르크를 걷다 보면 페를로프 티 하우스를 만날 수 있다. 이곳은 근사한 티 한 잔을 마시면서 현지의 역사에 대한 다양한 이야기를 들을 수 있는 아주 좋은 기회를 제공한다. 중국의 건축 양식을 기념하는 건물 정면의 정교한 모습은 먀스니츠카야Myasnitskaya 거리의 단조로운 배경과 큰 대조를 이룬다. 이곳을 지나는 방문객들은 용과 탑의 복잡하고도 세밀한 디자인에 감탄할 것이다. 물론 내부도 충분히 둘러볼 만한 가치가 있다! 실내에서는 아름다운 중국 디자인의 양식들이 눈앞에서 계속 펼쳐지고, 가게에서는 고급 티와 커피를 비롯해 현지의 달콤한 음식들을 다양하게 즐길 수 있다.

아스토리아 호텔
ASTORIA HOTEL
39 BOLSHAYA MORSKAYA, ST PETERSBURG 190000
WWW.ROCCOFORTEHOTELS.COM/HOTELS-AND-RESORTS/HOTEL-ASTORIA

러시아에도 고유한 티 문화가 있지만 그보다 더 고전적인 영국식 애프터눈 티를 경험하고 싶다면, 아스토리아 호텔의 고급 로툰다Rotunda 라운지에 가 보는 것이 좋다. 이곳에서는 아주 조용한 분위기 속에서 '최고의 애프터눈 티'를 제공하여 꼭 한 번 들러 확인해 보길 바란다! 호텔만의 독특한 자기 찻잔으로 근사한 티를 즐길 수 있을 뿐만 아니라, 갓 만든 신선한 샌드위치, 케이크, 페이스트리, 블리니스blinis도 맛볼 수 있다! 금전적 여유가 있다면, 근사하고 달콤한 티 한 잔에 케이크 한 조각을 먹어 보는 것도 좋다.

트랜스-시베리아 레일웨이
TRANS-SIBERIAN RAILWAY
WWW.TRANS-SIBERIAN.CO.UK

시베리아 횡단 열차에 몸을 싣고 대장정의 길에 오르는 일은 누구에게나 버킷리스트일 것이다. 이 여정을 보다 더 흥미롭게 즐길 수 있는 방법은 무엇일까? 그렇다. 사랑스러운 티 한 잔이다! 상상해 보라. 열차가 칙칙폭폭 소리를 울리고, 밖으로는 러시아의 광활한 풍경이 펼쳐지며, 창밖을 통해 이 장관을 바라보며 온갖 계층의 사람들과 만난다. 이보다 로맨틱한 이미지는 또 없을 것이다(금속성이 울리는 열차에서 6일이나 지내야 한다는 점은 따로 이야기하지 않겠다). 사람들과 진정으로 교제하면서 티 문화를 경험하고 싶다면 이보다 좋은 곳이 또 있을까? 물론 식당칸에서 티를 마시거나 다른 상품을 구입할 수도 있다. 그러나 화물칸에는 사모바르가 하나씩 배치되어 있다. 티만 챙겨 온다면 언제든지 자리에 앉아 느긋하게 티를 블렌딩해 마실 수 있다는 점도 알아 두자. 완벽하기가 그지없다!

중동

중동의 여러 나라에서는 티 문화가 수 세기 전부터 고대 무역 루트의 역사와 함께 크게 번성해 왔다. 무역 루트로 가장 유명한 것이 중국과 육상으로 연결되는 실크로드인데, 스리랑카와 인도 남부와 해상으로 연결되는 무역 루트도 있었다. 티 무역은 중요성을 띠며 오늘날까지도 계속 이어지고 있는데, 특히 두바이는 티를 재수출하고 티 무역을 관장하는 국제적인 허브로서 중요한 역할을 하고 있다. 페르시아 만에 인접한 지역에서는 주로 홍차를 마시며, 설탕을 넣거나 향신료, 특히 카르다몸cardamom을 넣어 마신다. 티에 우유를 첨가하는 일은 지역마다 풍습에 따라 다르다.

터키

터키는 거대한 티 시장이다. 터키의 1인당 연간 티 소비량은 세계 1위이며, 생산량은 6위에 이른다. 터키인들이 즐겨 마시는 티는 관광객들에게도 인기가 좋은 터키식 애플티apple tea가 아니라 매우 강한 향미의 홍차이다. 홍차에 로즈힙rosehip, 세이지sage, 린든 블러섬linden blossom, 아레나arena 등의 허브를 넣어 우려내 마신다.

터키의 티 문화는 그 기원이 실크로드의 카라반들이 이 지역을 지나던 16세기로까지 거슬러 올라간다. 그러나 티 문화가 실제로 크게 확산되었던 것은 1878년에 아다나Adana 지역의 통치자였던 메흐메트 이제트Mehmet Izzet가 티를 마시면서 건강상의 효능을 보았다는 이야기를 『차이 리살레시Çay Risalesi』로 출간한 뒤부터였다. 이 당시에 가장 인기 있었던 뜨거운 음료는 커피였지만, 이스탄불의 술탄아흐메트Sultanahmet 지역에 문을 연 티 하우스를 중심으로 티 소비가 점차 확산되기 시작했다. 또한 티의 가격도 낮아졌는데, 티 네 잔의 가격이 당시 터키식 커피 한 잔의 가격과 같을 정도였다.

티 하우스나 티 가든이 전국 곳곳에 들어서고, 티의 소비량도 매우 높아지면서 이제 티는 사회적 활동에 없어서는 안 될 허브와도 같은 음료가 되었다. 그 결과 터키에서는 흑해 동부 연안을 따라 티 생산지가 확고히 자리를 잡을 수 있었다. 티 하우스 외에 티를 마실 수 있는 또 다른 사회적 모임의 장소로는 티 가든이 있는데, 1950년대에 이스탄불을 중심으로 가족 단위의 야유회 장소로서 큰 인기를 얻었다. 터키식 티 가든은 새로운 사회적 모임의 장소로 자리를 잡았다. 터키인 차이çay는 진하게 우려낸 상태에서 뜨거운 물이나 설탕을 넣어 희석시켜 마신다. 티는 사모바르(38페이지 참조)로 우리거나 두 개의 포트로 별도로 우린다. 사모바르에서 아래쪽 포트에는 물을 끓이고, 위쪽의 조그만 포트에는 찻잎을 담아 티를 진하게 우려낸다. 이렇게 따로 분리한 것은 티를 마시는 사람이 각자 자신의 입맛에 맞게 티의 농도를 조절해 마시기 위한 것이다. 농도가 진한 스트레이트 티를 마시려면 위쪽 포트의 티를 마시면 되고, 농도를 묽혀 티를 마시려면 아래쪽 포트에 담긴 물을 위쪽 포트에 넣어 적당히 희석시키면 된다.

터키에서는 보통 티를 튤립 모양의 유리잔에 부어 마신다. 이러한 유리잔은 매년 4억 개씩이나 팔려 나간다. 투명한 유리잔으로는 사람들이 티 특유의 진홍색을 감상할 수 있다. 보통 티는 각설탕 두 개와 같이 제공된다. 터키 동부 일부 지역에서는 키틀라마kitlama 스타일로 마시는데, 각설탕을 입안에 머금고 티를 마시는 방식이다.

터키 티는 20세기 초 흑해의 항만 도시인 리제Rize에서 처음으로 생산되기 시작했다. 당시 정부가 차나무의 재배를 적극적으로 장려하면서 티의 생산도 큰 폭으로 증가하였다. 더욱이 일부 지명들은 이름에 차이çay라는 용어가 붙는 방식으로 변경되었다. 예를 들면, 마파브리Mapavri는 차이엘리çayeli로, 카다호르Kadahor는 차이카라çaykara로 지명이 변경된 것이다(새로운 지명을 창조할 때 '티tea'를 넣겠다는 발상은 매우 좋은 생각인 것 같다). 한편 국영기업인 차이쿠루çaykuru는 오늘날 터키 전체 티 생산량의 약 60% 이상을 생산하고 있다. 또 전체 티 생산은 현재 국내 수요를 완전히 충족시켜 주고 있는데, 일부 초과분은 해외로 수출되기도 한다. 이러한 티 산업은 터키 경제에도 매우 큰 기여를 하고 있다. 20만 가구 이상의 사람들이 차나무를 재배하거나 다원을 소유 및 관리하거나 티 가공 공장에서 일하고 있기 때문이다.

터키 티 마시는 방법

1 작은 유리잔에서 티를 아주 진하게 우려낸 뒤 쟁반에 나란히 놓는다.

2 티를 유리잔의 ¼만 채우고(½을 채우면 티가 매우 진해진다) 물을 붓는다. 취향에 따라 설탕을 추가해도 된다.
이때 유리잔 높이에서 1cm 가량은 여분으로 남겨 두어야 한다. 넘치거나 손가락을 데일 수 있기 때문이다.

3 엄지와 검지로 유리잔 상부를 잡고 티를 마신다.

🍵 티 한 잔의 이야기

터키에서 티 문화는 매우 강력한 전통으로 계승되고 있다. 손님이 집을 방문하면 안주인은 티를 반드시 대접하는 것이 관례이다. 이때 안주인은 티가 바닥났다고는 결코 말해서는 안 된다! 또 바자르Bazzar(천막이 쳐진 시장)에서 티를 실컷 맛본 뒤 상인과 흥정을 벌였다면, 티를 다 마신 순간 티스푼을 유리잔 위에 올려 놓아라. 이 신호는 티를 정말 충분히 맛보았다는 데 대한 감사의 뜻을 정중하게 전하는 표현이다.

바자르의 어느 티 하우스 마당에서
티를 즐기며 체스를 두는 터키 남성들.

사우디아라비아의 남서부 항구 도시인 제다Jeddah의 밥 마카Bab Makkah 지역에서 티를 마시는 모습.

사우디아라비아

사우디아라비아는 하루 티 소비량이 1900만 잔으로 중동에서도 티 소비가 두 번째로 많은 나라이다. 대부분의 사람들이 스리랑카나 인도 남부에서 수입한 홍차를 마신다. 거의 모든 사회적인 상황에서 티를 마시는데, 특히 사업을 논의하는 장소에서는 늘 티를 마신다. 달콤한 맛의 뜨거운 티는 보통 유리잔 가득히 채워 마신다.

이라크

이라크에서 티는 보통 사모바르로 준비하거나(38페이지 참조) 두 개의 별도 포트로 준비한다(터키와 동일, 42페이지 참조). 일반적으로 이라크의 티는 15분이나 우려내 농도가 매우 진하여 설탕을 적어도 한 스푼 이상 넣어 마신다. 이라크에서 티 하우스는 차이산chaixane이라고 하는데, 이라크 전역에 퍼져 있다. 차이산은 길가에 주전자와 함께 좌판을 낸 형태부터 고급 건물의 형태까지 매우 다양한 모습이다. 남성들은(드물게는 여성도) 삼삼오오 이곳에 모여 이야기를 나누거나, 서양식 주사위 놀이인 백개먼backgammon을 즐기거나, 나르길레nargile 또는 후카hookah라는 도구로 물담배를 피운다. 물론 티도 매우 많이 마신다.

> 중국인들은 티를
> 하루 못 마시느니, 차라리 밥을
> 삼일 굶는 편이 낫다고 한다.
>
> 할레드 호세이니Khaled Hosseini/
> 『천 개의 찬란한 태양 A Thounsand Splendid
> Suns』중에서

▲ 이라크의 에르빌 쿠르디스탄Erbil Kurdistan 지역에 있는 카이사리 바자르 Qaysari Bazaar에서 티 자루를 찍은 모습.

이란

이란 사람들은 티를 끔찍할 정도로 많이 마실 뿐만 아니라, 차나무도 매우 많이 재배하고 있다. 이란 전역에서 티를 생산할 수 있었던 것은 외교관인 카셰프 알 살타네Kashef Al Saltaneh의 상상력과 결정 덕분이었다. 19세기 말 이란에서는 이미 실크로드에 위치한 지정학적인 여건으로 인해 티 문화가 오래전부터 정착되어 티 음료는 매우 큰 사업 분야였지만, 아쉽게도 영국이 먼저 인도로부터 티의 국내 공급을 독점하고 있었다.

프랑스어에 능통하였던 카셰프 알 살타네는 절호의 기회를 잡기 위해 프랑스 사업가로 위장하여 인도로 떠났다. 그곳에서 티의 무역과 차나무의 재배에 관한 모든 지식을 익히고 티 샘플들을 훔쳐 이란으로 되돌아왔다. 그 뒤 길란Gilan과 마잔다란Mazandaran의 북부 지역에서 차나무의 재배를 성공적으로 정착시키기 위해 그의 모든 경험과 지식을 쏟았고, 결국 차나무의 관목들도 무성해지면서 이란은 오늘날 티 생산량이 세계 7위에 오르게 되었다. 현재 카셰프 알 살타네는 '이란 티의 대부'로 추앙을 받고 있으며, 그의 묘는 라히잔Lahijan 시의 티 박물관에 있다. 이 지역에서는 최상품의 라히잔 스프링 티Lahijan spring tea도 생산된다. 이란에서는 티를 자체적으로 생산하고는 있지만, 자국민들의 국내 소비를 충당하기 위해 스리랑카나 인도에서도 티를 수입하고 있다. 이란 전역에는 차이하나chaikhanah라는 티 하우스가 있으며, 다양한 농도의 티를 유리잔에 담아 즐길 수 있다. 티는 보통 사모바르에 담아서 진하게 제공되는데, 티를 마시는 사람이 취향에 따라 뜨거운 물을 부어 묽혀서 마신다. 대부분의 이란 사람들은 현지에서 칸드kand라고 하는 각설탕을 넣어 티를 당도 있게 마시는 것을 선호한다. 전통적으로는 칸드를 이에 문 채로 티를 마신다.

아프리카

중동과 마찬가지로 북아프리카에서도 강한 티 문화가 형성되어 수 세기 동안 전해 오면서 지역 사회에서 매우 특별한 역할을 하고 있다. 친구나 이방인에게 티 한 잔을 대접하기 위해 초대하는 일은 매우 정중한 예의이다. 온 가족이 진정한 마음으로 집에 초대하는 것이나 다름없다. 티는 아침 식사나 식후나 식간 등 언제든지 즐길 수 있으며, 지역 재래시장이나 번화가나 마을의 광장 등 어디서든지 마실 수 있다. 이와 달리 아프리카 대륙의 남부에서는 토착 식물인 루이보스의 잎만 신선하게 우려내 마신다(134페이지 참조). 그러나 아프리카에서도 차나무의 재배는 매우 중요하며, 특히 케냐는 전 세계 티 수출량의 22%를 차지하고 있다.

이집트

이집트에서 샤이Shai라고도 하는 티는 이집트 사람들이 가장 많이 마시는 국민 음료이다. 어린아이, 노인, 가난한 사람, 부유층 할 것 없이 대다수의 사람들이 즐겨 마신다. 이집트는 티를 보통 스리랑카와 케냐에서 수입하며, 특히 케냐에 있는 이집트 소유의 국영 다원은 티의 중요 공급처이다.

이집트에서 티를 마시는 방식은 지역에 따라 두 형태가 있다. 북부에서는 코샤리koshary라 하여 찻잎에 사탕수수 설탕과 신선한 민트 잎을 넣어 달콤하면서도 가벼운 느낌의 티로 우려내 마시고, 남부에서는 사이디saiici라고 하여 찻잎을 센 불에 5분 이상 부글부글 끓여 진하고 쓴맛의 티로 우려내 마시는 것이다. 결과적으로 진하면서도 점성도 있게 우려진 이 티는 마실 때 달달한 것이 필요하다.

이집트 사람들은 히비스커스hibiscus라는 토착 식물에 대해 유달리 애정이 깊다. 카페인이 없는 허브 식물인 히비스커스로는 뜨겁게 또는 차게 우려내 마신다. 밝은 분홍색을 띠며 타르트 향미를 풍기는 이 히비스커스 음료를 이집트에서는 카르카디karkady라고 하는데, 그 맛이 매우 향긋하고 달콤하다.

모로코, 튀니지, 알제리

세 국가 모두 1인당 티 소비량이 상위 20위권이다(16페이지 참조). 마그레브maghreb로 불리는 지역의 이들 국가에서는 보통 중국 녹차(종종 더 쓴맛의 녹차인 진미珍眉, chunmee, 108페이지 참조)와 북아프리카의 나나 민트nana mint를 마신다.

모로코에서 국민 음료로 불리는 매우 중요한 가향·가미차(투아레그 티Touareg tea라고도 한다)는 거의 의식용으로 제공되는데, 보통 설탕을 다량으로 넣어 즐긴다. 집으로 친구를 초대하든, 시장에서 흥정을 하든, 길가에서 피크닉을 즐기든, 민트 티를 청량제로 준비하고 제공하고 마시는 것은 종교이자, 예술의 한 형태이다. 티는 모든 사회적 관계에서 필요조건이라고 할 수 있다.

모로코에서 티를 준비하여 대접하는 일은 자신만의 권한이 있는 일종의 소규모 의식이다. 터키에서는 주로 여성이 티를 준비하여 내지만, 모로코에서는 남성이 티 의식의 주도권을 쥐고 티를 준비하여 낸다. 또한 티를 거절하는 것은 무례한 행동이다. 민트 티가 다 우려지면 거품을 내고 식히기 위해 찻주전자를 높이 치들어 아래의 유리잔 속으로 티를 내리쏟는다. 티는 다채로운 색상과 화려한 문양이 수놓인 작은 유리잔에 따라 마시는 것이 일반적이다. 민트 티를 준비하는 방법은 지역마다 다르다. 모로코 남부보다 북부에서 더 달게 마시며, 지역에 따라서 웜우드 잎, 잣, 레몬 버베나가 들어간다.

모로코 민트 티 만드는 방법

민트 티를 마시는 방식은 나라마다 모두 다르지만, 여기서는 민트 티를 만드는 기본적인 레시피를 소개한다.

1 쟁반에 작은 유리잔을 여러 개 준비한다.

2 금속제나 스테인리스 재질의 찻주전자(일반 주전자여도 상관없다)에 중국 녹차를 담는다. 거기에 민트 생잎이나 말린 잎을 넣고 각설탕(또는 2티스푼 이상)을 넣는다.

3 찻주전자에 뜨거운 물을 붓고 수 분간 티가 우려지기를 기다린다.

4 찻주전자를 30cm 정도로 높이 치든 뒤 작은 유리잔에 티를 붓는다. 그래야 거품이 생긴다. 이때 물이 흘러 넘치는 사고를 막기 위해서는 약간의 연습이 필요하다. 끝으로 신선한 민트 잎을 장식한 뒤 사방을 가득 채우는 민트 향을 깊이 들이쉬면 된다.

> 이런 유형의 티를 흔히 모로코 티라고 하지만, '마그레브 티'라고도 한다. 모로코 티는 모로코, 튀니지, 알제리, 리비아, 모리타니와 같은 아프리카 북서부의 전 지역에서 즐겨 마신다.

모로코의 마라케시Marrakech 지역
에 있는 젬마엘프나 Jemaa El Fna
시장의 전시대에 가지런히 진열
된 민트 티.

▲ 케냐 카체즈^{kachege} 지역의 다원에서 찻잎을 수확하는 모습.

알렉산더 맥콜 스미스Alexander McCall Smith/
『림포포 사립 탐정 아카데미The Limpopo
Academy of Private Detection 』중에서

케냐

케냐는 세계 3위의 티 생산국이며, 세계 1위역 홍차 수출국이다. 따라서 티는 케냐의 중요 수출품 중 하나이다. 케냐에 차나무가 처음 재배되기 시작한 것은 1904년에 영국인 농장주가 북인도로부터 들여온 묘목을 심은 것이 계기가 되었다. 케냐의 기후는 강우량이 많고 따뜻하기 때문에 차나무를 연중 재배하는 데 매우 이상적이다. 수확한 찻잎으로는 대부분 홍차를 생산하며(120, 132페이지 참조), 이 홍차는 다시 티백의 소비가 많은 영국으로 수출되고 있다. 케냐에서 생산되는 전체 티 생산량의 60%는 대규모의 기업 다원이 아니라 소규모의 자작농가에서 생산된다. 티의 세계적인 주요 경매지 중 한 곳인 몸바사^{Mombasa}는 케냐뿐만 아니라 르완다, 말라위 등 주변 내륙국의 티를 수출하는 주요 항구 도시이다.

케냐의 티 문화는 다양한 문화가 융합하여 생성된 산물이다. 과거 영국 식민지 시대부터 전해지는 전통적인 '티타임' 문화에 인도로부터 들여온 티(우유가 들어가 단맛이 나면서도 스파이시한 차이)를 받아들인 결과이다.

▶ 가공되기 전의 갓 딴 루이보스와 자루들.

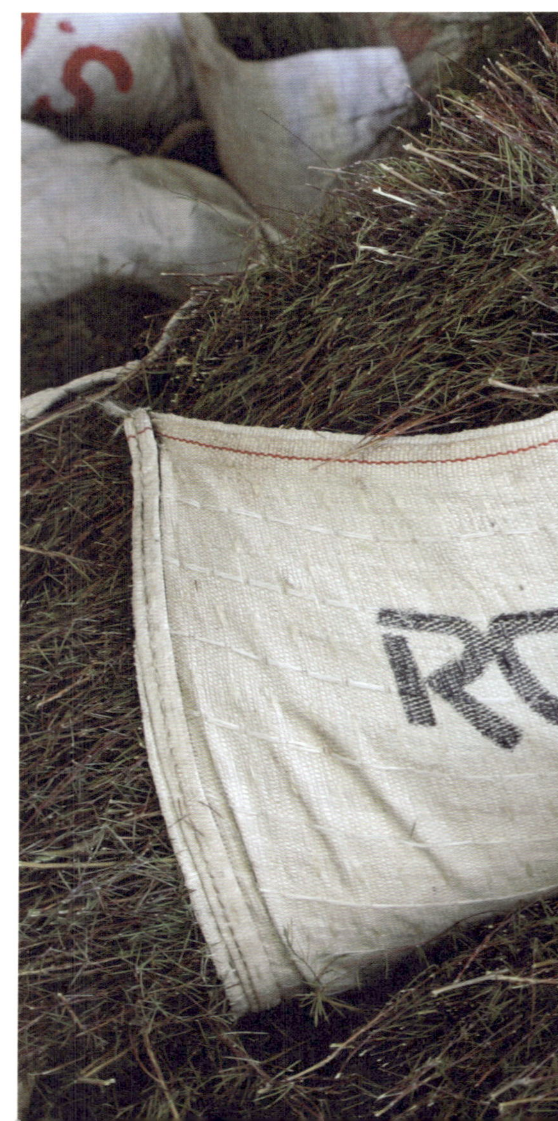

남아프리카공화국

이 지역에서는 사람들이 대중적인 티 음료를 그들 고유의 방식으로 부르는 경향이 있는 것 같다. 루이보스를 '로이보스[roy bos]'로 발음하기도 하고, 더욱이 일부 사람들은 루이보스를 아무렇게나 부르는 것에도 전혀 개의치 않는다. 또 한편으로는 레드부시 티redbush tea라고도 한다. 따라서 루이보스는 각자 부르고 싶은 대로 부르면 된다. 식물학적으로 보면, 루이보스는 참된 의미에서 티가 아니다(90, 134페이지 참조). 엄밀히 말하면, 루이보스는 작은 관목의 식물로 자라는 허브이며, 그 종명이 '아스팔라투스 리니어리스Aspalathus linearis'이다. 루이보스는 오직 남아프리카공화국 케이프타운 인근의 세더버그Cederberg 산지에서만 자란다. 크래기 산맥craggy mountains에서 휘몰아치며 불어오는 지극히 청정한 공기는 루이보스 식물에 완벽한 생육 환경을 제공한다.

그동안 수많은 사람들이 루이보스를 세더버그 지역 밖에서 재배하려고 시도했지만, 지금껏 그 누구도 성공한 적이 없다. 세더버그 지역의

원주민인 코이Khoi 족과 산San 족 사람들이 루이보스를 처음 발견한 것은 300년도 더 된 일이다. 그 당시에는 잎을 휘갈겨서 더미로 쌓아 산화시킨 뒤 햇빛에 잘 펴서 말렸다. 그런 다음에 잎을 불로 끓인 뜨거운 물에 넣어 우려냈는데, 이는 오늘날의 상업적인 루이보스 생산 과정과 매우 유사하다. 아프리카의 태양 아래에서 루이보스를 건조시키면 잎의 색상은 짙은 적갈색으로 바뀐다.

루이보스 식물의 잎은 녹색을 띠고 바늘 모양이며, 카페인을 천연적으로 함유하고 있지 않다. 특히 뜨거운 물에 우려내면 구릿빛기의 색상을 띠고, 천연 견과류의 풍부한 향미를 풍기며, 카페인도 전혀 들어 있지 않아 홍차의 대체재로 급속히 인기를 끌고 있다. 전통적으로 루이보스는 레몬과 설탕 또는 꿀을 넣어 마시지만, 티 문화가 점차 성장(실험적인 시도 등)하면서 에스프레소, 아이스티, 라떼로도 만들어 마신다.

남아시아, 동남아시아

차나무의 시배지에서부터 식민지 시대를 거쳐 주요 티 생산국(세계 상위 6개국 중 4개국이 이 지역에 있다)에 올라 다양한 티 문화를 꽃피우는 등 티와 관련하여 이들 지역만큼이나 자랑스럽게 내세울 만한 곳도 또 없을 것이다! 이들 지역에서 티는 거의 모든 저잣거리에서 찾아볼 수 있으며, 몇몇 국가에서는 사회적, 정치적, 경제적 역사에서도 중심을 이루고 있다. 티를 준비하여 마시는 방식은 그 지역의 풍부한 역사와 독특한 문화만큼이나 매우 다양하다.

인도

인도에서 티가 국민 음료로 자리를 잡은 것은 19세기에 영국이 자국의 늘어나는 홍차 수요를 충족시키기 위해 대규모의 다원들을 개간한 뒤부터였다. 인도는 비록 오늘날 전 세계에서도 주요 티 공급 국가의 반열에 있지만, 이와 같은 성장은 비교적 최근의 일이다. 결과적으로 인도는 중국이나 일본과는 달리 전통 예절이나 다도와 같은 의식들이 발달하는 데 충분한 시간을 갖지는 못하였다.

인도인들은 그들이 마시는 티 음료를 경우에 따라서 차야cha-ya 또는 차이chai라고 하며, 이러한 티를 마시는 행위를 진정으로 사랑한다. 대부분 차이는 진하고 바디감이 강한 홍차에 카르다몸cardamom, 펜넬 씨앗fennel seed, 진저ginger, 클로버love와 기타 향신료를 넣어 매콤하지만 우유를 가미해 끓여 단맛도 있다. 사람들에게는 대대로 전해져 내려오는 그들만의 레시피가 있다. 거리 곳곳에는 차이 조리사인 차이 왈라chai wallah가 있고, 길거리 노점상에서는 지나가는 사람들에게 그들만의 독특한 방식으로 우려낸 차이를 사모사스samosas와 같은 짠맛의 과자와 함께 제공한다.

이제 차이는 서방 세계에서도 매우 인기 있는 음료이다. 곧잘 판매되는 차이나 차이 라떼chai latte가 메뉴에 없다면 진정한 의미의 커피숍이라고도 할 수 없다. 물론 가정에서 전통적인 방식으로 손으로 직접 만든 차이가 가장 훌륭하다. 그러나 그러한 차이를 준비하는 데는 시간이 많이 걸리기 때문에 서방의 커피숍에서 제공되는 차이는 종종 설탕을 넣어 당분을 높인 것이거나 인도 전통 차이보다 품질이 낮은 것이다. 또한 평범한 티에 액상 추출물로 매운 향미를 가향·가미한 것일 수도 있다. 결국 그렇게 좋지는 않다는 것이다.

☕ 티 한 잔의 이야기

노점상에서는 작은 점토 잔에 차이를 담아 파는데, 이 잔은 사용한 뒤에 바닥에 내던져 깨뜨려 버린다. 씻는 것보다 깨뜨리는 것이 시간이 더 절약되기 때문이다. 클레이 포트 왈라clay pot wallah는 차이를 담는 점토 잔을 8초 만에 빚을 수 있다. 이때 점토 잔은 절반만 구워 자연 분해가 일어나도록 한다. 몬순 기후로 내리는 비와 내리쬐는 뜨거운 태양열로 바닥의 깨진 점토 잔은 서서히 분해되면서 흙으로 되돌아간다.

❶ 힌두교의 성지인 하리드와르Haridwar시에서 차이를 즐기는 어린아이.
❷ 남인도의 도시 마이소르Mysore에서 차이를 길게 내리붓고 있는 차이 왈라.
❸ 차이의 재료인 찻잎과 향신료들.
❹ 유리잔에 차이를 붓고 있는 차이 판매원.
❺ 스토브 위에 놓인 차이.
❻ 남인도의 도시 티루치라팔리Tiruchirappalli에서 차이를 배달하는 모습.

차이를 만드는 방법

화려한 커피 하우스에서 차이를 주문하면서 최신 유행을 즐기는 힙스터들에게는 매우 낯설게도 느껴질 수 있지만, 이것이 바로 19세기부터 남아시아에서 티를 준비하고 우려냈던 방식이다. 인도에서는 차이를 만들 때 매우 다양한 티들을 혼합한 뒤에 향신료, 물, 우유, 설탕을 넣기 때문에 그 레시피도 사람들의 수만큼이나 많다. 다음은 전통 티인 차이를 만드는 기본적인 방식이다.

1 매운 향미의 마살라masala 혼합을 준비한다. 여기에는 카르다몸 꼬투리cardamom pods, 클로버, 시나몬 껍질, 생강 뿌리, 블랙 페퍼콘black peppercorn, 넛메그nutmeg(육두구)가 사용될 수 있다. 이 향신료들은 매우 고운 가루로 갈아서 사용하는 것이 매우 이상적이지만, 온전한 형태로 사용하는 것을 더 좋아하는 사람도 있다.

2 마살라 혼합을 물이 든 냄비에 넣고(물의 양은 500ml 정도), 강한 향미의 홍차를 조금 넣는다.

3 내용물이 끓으면 5분 정도 기다린다.

4 500ml 정도의 우유를 첨가하고 다시 끓이는데, 적어도 5분 이상은 더 끓인다.

5 취향에 따라 설탕을 넣는다. 재거리jaggery(사탕수수로 만든 설탕의 일종), 팜 슈거palm sugar가 인기 있다.

6 냄비의 잎이나 향신료를 완전히 걸러 낸다.

7 사람들과 함께 나누며 즐긴다.

> 물과 우유의 비율, 향신료의 종류와 양, 설탕의 양, 끓이는 시간. 이 모든 것이 맛을 내는 변수이며, 다른 조합은 다른 티를 만들 것이다. 어떤 것이 자신에게 적절한지는 실험을 통해서 찾아내야 한다.

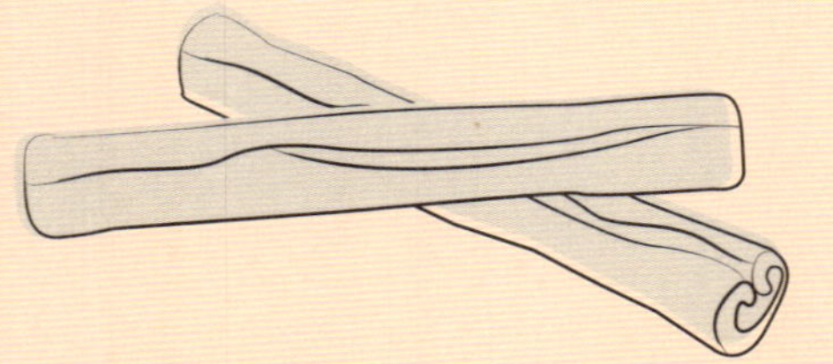

스리랑카

스리랑카의 오늘날 국명은 스리랑카 민주사회주의 공화국Democratic Socialist Republic of Sri Lanka이지만, 1972년 이전까지는 실론Ceylon이었다. 스리랑카에 차나무의 재배와 티 음료를 처음 소개한 사람들은 19세기에 이곳을 점령하였던 영국인들이었다. 지금까지도 티를 마시는 전통이 계승되고 있는데, 특히 '밀크 티'는 우유를 넣지 않고 티를 마시는 오전을 제외하고는 온종일 마신다. 인도양에 위치한 이 도서 국가에서는 티를 마실 때 재거리를 핥아서 단맛을 낸다. 재거리는 작고 단단하게 뭉쳐 수정처럼 생긴 감미료로서 사탕수수의 체액이나 대추야자의 수액을 작은 블록 형태로 굳혀 만든다.

☕ 티 한 잔의 이야기

티를 높은 곳에서 부을 때, 예를 들면 90cm 정도 (약 1야드) 높이에서 붓는 것은 '야라yaara'라 하고, 그렇게 따른 티는 '야드 티yard tea'라고 한다. 이렇게 고난도의 붓는 기술을 사용하면 상당한 양의 거품이 생기는데, 그 양은 티를 다 즐길 때까지도 남는다.

▼스리랑카 고산 지대의 하푸탈레Haputale 다원에서 찻잎을 따는 여성들.

파키스탄

놀랍게도 파키스탄은 티를 생산하지는 않지만, 티 수입량이 전 세계 3위를 차지할 정도로 소비량이 많다. 그러한 티의 대부분은 케냐에서 수입한다. 다시 말하지만, 이곳에서는 티를 우유와 함께 마신다. 카르다몸을 넣은 밀크 티인 엘라이치 차이Elaichi chai는 파키스탄 전역에서 즐겨 마시며, 특히 카라치Karachi 지역에서는 매우 인기가 높다. 순수한 형태의 밀크 티인 두드 파티Doohd pati는 물이 전혀 들어가지 않은 걸쭉한 밀크 티로, 특히 펀자브 지역에서 인기가 많다. 또 카이베르 파크툰크와Khyber Pakhtunkhwa 북부에서는 카와kahwah 라는 녹차를 선호하며, 카슈미르 지역에서는 피스타치오와 카르다몸을 넣어 찻빛이 핑크빛으로 물드는 녹차 차이를 마신다.

☕ 티 한 잔의 이야기

발티Balti의 유명한 속담 하나를 소개한다. 누군가와 처음 티를 마실 때 당신은 그들에게 낯선 사람이겠지만, 두 번째 마실 때는 당신은 그들의 영광스러운 손님이 될 것이다. 그리고 세 번째 마실 때는 당신은 이미 그들의 가족이 되어 있을 것이다.

태국

티를 비닐봉지에 담아 사고 싶은가? 방콕에서는 비닐봉지에 티와 얼음조각을 넣어 거리를 활보하더라도 어느 누구도 개의치 않을 것이다. 밝은 호박빛의 타이 아이스티는 습하고 더운 날에 마시기에는 완벽한 음료로, 이 지역에서는 당연히 마시지 않을 수 없다. 이러한 밀크 티는 아시아 전역에서도 찾아볼 수 있는데, 보통 진한 홍차에 가당 연유, 무가당 연유, 다양한 향신료들을 넣은 뒤 얼음덩이를 얹어 판매한다. 이때 사용되는 향신료로는 스타 아니스star anise, 그린 카르다몸green cardamom, 오렌지 블로섬orange blossom, 타마린드tamarind 가루, 클로버, 시나몬 등이 있다. 특히 강렬하면서도 달콤한 맛은 이 티의 모든 향미를 하나로 아우른다. 한마디로 타이 아이스티는 매운 음식에 딱 맞는 티이다.

미얀마

미얀마는 티를 우려내 마시고 찻잎도 요리해 먹는 세계에서도 몇 안 되는 나라이다. 먹는다?! 제대로 읽은 것이 맞다. 라펫Lahpet은 미얀마어로 발효시키거나 식초에 절인 티를 뜻한다. 라펫은 국민 별미일 뿐 아니라 역사적으로는 전쟁을 벌이던 왕국들이 평화 협상을 위해 교환하였던 선물이기도 하다. 실제로 지금까지도 평화 협상을 위해 선물로서 교환되고 있다. 라펫의 중요성을 표현하는 말도 있다. '모든 과일 중에서는 망고가 최고이며, 고기 중에서는 돼지고기가, 잎 중에서는 라펫이 최고이다.'

미얀마에서 라펫은 전통적으로 고품질의 신선한 찻잎만 엄선하여 5분 정도 찐 뒤 말리거나 발효시켜 만든다. 찐 어린 찻잎들은 수북이 쌓아 연화시켜 대바구니에 담은 뒤 구덩이 속에 넣고 무거운 것으로 압착한다. 대바구니 속의 모든 과정은 제대로 진행되고 있는지 수시로 확인되며, 때로는 찻잎을 다시 쪄야 할 수도 있다. 미얀마에서는 식초에 절인 피클 티를 포장된 형태로 어느 곳에서도 구입할 수 있는데, 온라인에서는 새로운 유형의 피클 티도 시판하고 있다.

피클 티는 살짝 달고 시큼한 맛이 나며, 잎의 향이 난다. 더러는 생강과 같은 향신료를 첨가해 절이기도 한다. 피클 티는 보통 국민 음식인 피클 티 샐러드나 라펫 토크lahpet thohk를 만드는 데 많이 사용하는데, 물론 신선한 녹차와 함께 먹는다.

피클 티 만드는 방법

피클 티를 전통적인 방식으로 만드는 데는 약간의 어려움이 따르고 시간도 걸리는 일인 만큼, 여기서는 꽤 맛이 좋은 피클 티를 만들 수 있는 빠른 방법을 소개한다. 한 번 시도해 보길 바란다.

1 식초 250ml, 녹차(센차, 煎茶, Sencha) 20g, 물 250ml를 냄비에 올리고 중간 불르 가열한다.

2 끓기 시작하면 불을 약하게 줄이고 30분간 계속 끓인다.

3 녹차를 건져 헹궈 낸 뒤 수분을 짜 낸다.

4 푸드 프로세서에 참깨 오일 5½티스푼, 피넛 오일 4티스푼, 피시 소스 1티스푼, 자른 마늘 한 쪽을 넣고 작동시킨다. 그런 다음에 레몬주스 2티스푼을 넣고 젓는다.

▲ 미얀마 양곤Yangon에 위치한 유명 티 숍인 럭키 세븐.

베트남

베트남은 티 생산량이 세계 5위이며, 티 문화의 역사는 수천 년 전까지 거슬러 올라 간다. 티 음료는 베트남의 문화에서도 매우 중요한 역할을 한다. 지금도 휴일이든, 결혼 축하연이든, 친구들과 가족들이 함께 모여 대화를 나누고 기념하는 데 반드시 등장한다. 베트남에서는 주로 녹차를 마시지만, 그 녹차에 종종 한방 재료를 블렌딩하거나 꽃으로 향을 가해 마시기도 한다. 대표적인 것이 연꽃 가향 녹차인데, 베트남에서 음력 새해인 텟Tet에 전통적인 방식으로 만들어 마시는 독특한 티이다. 짱안Tráng An이라 알려진 고대 하노이 사람들은 연꽃 가향 녹차를 만들어 마시는 기술로 유명하였다. 베트남에서 연꽃은 '순수', '평화'를 상징하고, '하늘과 땅의 정수를 향에 모으는 꽃'이라고들 한다. 최상품의 연꽃 가향 녹차를 만들려면 연꽃이 갓 피었을 때 따야 하고, 신선도도 높게 유지해야 한다. 연꽃은 꽃이 클수록 향도 더 풍부한데, 그러한 최상품의 연꽃은 후에Hue 시 내의 찐땀Tinh Tam 호수와 하노이 서부에 있는 꾸앙버Quàng Bà 마을의 연못과 같은 특정 지역에서만 얻을 수 있다. 이렇게 수확된 연꽃에서 꽃봉오리는 매우 조심스럽게 벗겨 내고, 낱낱의 꽃잎은 단 하나의 흠집이나 상처도 나지 않도록 잘 보관한 뒤 신선한 녹차와 잘 혼합한다. 꽃봉오리를 가득 채우고 하룻밤이 지나면 그 꽃봉오리를 치우고 다시 꽃봉오리를 채운다. 다음 날 저녁에 꽃봉오리를 걷어 내면 비로소 아름다운 연꽃 향이 가득한 연꽃 가향 녹차가 만들어진다.

캄보디아

캄보디아에서는 티가 매우 대중적이며, 특히 통과의례와 같은 행사에서는 반드시 등장한다. 예를 들면, 결혼식에서 신랑, 신부가 그들의 조상들에게 제의적으로 티 한 잔을 올릴 때는 매우 중요한 역할을 한다. 이 의식은 친구들이나 가족들뿐 아니라 이미 죽은 조상들까지 영적으로 불러서 그들의 축복을 빌고 결혼을 지켜보도록 하는 것이다. 결혼식 하객들 속에서 조상들을 되돌아보면서 즐거운 하루를 보내는 시간이기도 하다.

중국

티는 기원전 2737년에 중국에서 전설적인 황제인 신농神農이 처음 발견한 것으로 알려져 있다. 중국은 오늘날에도 연간 티 생산량이 192만 톤 이상(FAO, 2013년 기준)으로 세계 1위이다. 생산된 티의 대부분은 자국 내에서 소비되고, 나머지 18%는 수출되며, 이중 1%는 유럽으로 수출된다. 중국인들은 오래전부터 티를 생활에 꼭 필요한 7가지의 물품 중 하나로 여기며 자연스럽게 마셨다. 오늘날 중국에서는 엄청난 인구의 사람들이 티를 마시고 있다.

티의 세계에서도 중국은 6대 분류의 티를 전부 생산하는 유일한 국가이다. 대부분 녹차를 생산하지만, 홍차, 우롱차, 황차, 백차, 보이차도 생산한다(104~133페이지 참조). 중국은 차나무의 재배, 가공, 유통, 소비에 관한 역사가 수 세기에 이르지만, 정작 중국인들은 한두 종류의 티밖에 모른다. 반면 중국

중국의 전통 다도에서는 붉은색의 냅킨을 접어 두면서 좋지 않은 기운들을 물리친다.

중국인들은 찻잎을 여러 회에 걸쳐 우려내 마신다. 찻잎을 우릴 때마다 티의 향미가 미묘하게 달라지기 때문이다.

어로 티를 뜻하는 차茶는 다양한 종류들이 세계 곳곳으로 퍼져 나갔다.

중국에는 수천 개의 찻집들이 대륙 전역에 걸쳐 들어서 있으며, 지역마다 다양한 티 문화들이 발달되어 있다. 대가족의 사람들이 일요일이나 축제일에 특별한 일이 있으면 모이는 찻집은 가족 모임들로 항상 붐빈다.

전통적으로 티는 높은 지위의 사람에게 존경의 뜻을 전하기 위해 올렸다. 오늘날에도 물론 특별한 예우를 갖춰야 할 경우에는 항상 티를 올린다. 예를 들면, 결혼식에서 신랑, 신부는 부모에게 감사의 뜻을 전하고, 또 서로를 대가족의 일원으로 받아들인다는 뜻에서 티를 상징적인 의미로 올린다. 이때 신랑, 신부는 부모 앞에서 다소곳이 무릎을 꿇고 티를 올리는데, 자신들을 낳아 주고 지금까지 키워 준 데 대한 감사의 인사를 올린다. 그러면 부모는 신랑, 신부에게 행운을 상징하는 붉은색 봉투를 내밀며 반긴다.

중국에는 티를 마시는 행위와 관련하여 다양한 의식들이 있지만, 일반적으로 대부분의 사람들은 하루 종일 가지고 다닐 수 있는 투명한 차병茶瓶에 티를 우려내 마신다. 차병에는 찻잎이 들어 있어 뜨거운 물을 주기적으로 부어 준다. 티를 들고 다니면서 마시는 방식은 지금도 중국에서는 매우 큰 인기를 끌고 있다.

쓰촨성四川城 시창현西昌縣의 고대 리저우利州 지역의 한 찻집에서 티 한 잔을 마시며 담소를 나누는 사람들.

왕예먀오 사원
王爷庙
WANGYE TEMPLE FUXI RIVERSIDE, ZILIUJING DISTRICT, ZIGONG 643000

100년 역사를 간직한 사원을 찻집으로 개조한 이곳보다 티를 즐기기에 더 좋은 곳이 또 있을까? 쯔궁시自貢市 내 푸시강伏羲江 윗자락에 위치해 있는 이곳은 쓰촨성四川城 내의 찻집 중에서도 가장 아름다운 곳으로 잠시 들렀다가 가기에 최고의 장소이다. 잘 보존된 고대 건축물과 아름다운 절경이 펼쳐지는 왕예먀오 사원에서는 훌륭한 티들을 나무랄 데 없이 완벽한 배경의 편안한 분위기 속에서 즐길 수 있다. 이곳에서 사람들과 어울리면서 시간을 보내며 진정으로 현지의 느낌을 가져 보라. 만약 혼자만의 시간을 갖고 싶다면, 평화로운 분위기 속에서 한가로이 의자에 기대어 시간을 보내도 좋다. 해마다 쯔궁시를 찾는 많은 관광객들은 과거 석염 채굴지를 탐방하면서 역사를 배우거나 유명 공룡박물관을 방문하거나 찻집에 들른다. 특히 시선을 사로잡을 정도로 매력적인 곳은 역시나 환상적인 찻집이다.

라오서 찻집
老舍茶馆
LAO SHE TEAHOUSE
BUILDING 3, ZHENGYANG MARKET, QIANMEN WEST STREET, XICHENG DISTRICT, BEIJING 100051
WWW.LAOSHETEAHOUSE.NET

베이징에서도 매우 유명한 찻집 중 한 곳인 라오서 찻집은 마치 타임머신을 타고 과거의 베이징으로 되돌아간 듯한 매우 색다른 경험을 선사한다. 이곳에서는 중국의 티와 간식을 맛볼 수 있으며, 중국의 공연도 관람할 수 있다. 매일 저녁 90분간 쇼가 펼쳐지는데, 곡예, 코미디, 경극까지 격조 높은 중국 전통 예술들이 공연된다. 이곳은 이미 오래전부터 매력이 풍부하여 현지인들도 쇼를 관람하기 위해 북적대는데, 요즘에는 외국 관광객들에게도 관광 명소로 큰 인기를 끌고 있다. 하룻밤을 즐겁게 보낼 곳을 찾고 있다면, 이곳을 찾아 티를 한껏 즐기면서 베이징의 전통 문화를 만끽해 보길 바란다!

마렌다오 차엽 거리
连道茶叶街
MALIANDAO, AKA TEA STREET
MALIANDAO STREET, BEIJING 100055

오후든 하루 종일이든 한가로이 거닐면서 티 숍과 티 시장을 둘러보려는 사람들이 있다면 베이징의 마렌다오 거리에 꼭 가 볼 것을 권해 본다. 이곳은 '차예가茶叶街'(차엽의 거리 또는 시장)라고도 하는데, 그 이유는 도착해 보면 곧 알게 된다. 전문가든 초보자든 할 것 없이 한데 어울려 다양한 티를 경험하고 티 용품을 구입할 수 있기 때문이다. 완벽한 티를 구입하기 위해 시간을 보내다 보면 점원들이 구입자들이 원하는 티를 정확히 찾을 수 있도록 도와준다. 구입자가 혼자 직접 선택하는 것 이상의 큰 즐거움을 안겨 줄 것이다. 언어의 장벽으로 약간의 문제가 생길 것이 염려스럽다면 소맷자락에 중요 문구를 기록해 두면 좋다. 티에 확신이 안 선다면 항상 고개를 숙여 중요 문구를 보고 또 보자. 그러면 원하는 티를 구입하는 데 항상 성공할 것이다.

화산 찻집
华山茶馆
MOUNT HUASHAN TEA-HOUSE HUAYIN 714200

아슬아슬한 모험도 즐기고 티를 마시며 마음의 여유를 한껏 부리려는 사람이라면 세계에서도 가장 아찔한 등산로 중 하나로 분류되는 화산산华山 정상에 가 볼 것을 권한다. 정상에 오르는 유일한 방법은 말 그대로 산비탈을 따라 볼트로 결합되어 죽 늘어선 좁은 널빤지를 따라 이동하는 것이다. 고개를 들어 하늘을 보면 정말 아찔한 기분이 든다. 정상 남부인 죽음의 코스에 위치한 이곳은 과거 도교 사원이었지만, 지금은 유명 찻집이다! 해발고도 2160미터 이상의 곳에서 티를 마시는 일은 확실히 인생에서 단 한 번의 기회일 수도 있다. 더욱이 용감한 티 애호가라면 반드시가 보아야 할 곳이다. 정상에 올라 찻집에서 제공하는 극도로 진하게 우린 홍차를 마시면서 아슬아슬한 자연경관을 바라보고 있으면 아드레날린 수치를 정상으로 되돌리기에 충분하다.

헤밍 찻집
鹤鸣茶社
HEMING TEA-HOUSE
12 SHAOCHENG ROAD, QINGYANG DISTRICT, CHENGDU 610015

길거리의 오가는 사람들을 마냥 바라보는 것을 좋아하는 사람에게는 이 찻집을 적극 권한다. 북적거리는 곳에서 벗어나 한적하고도 조용한 청두成都의 중앙인민공원中央人民公園을 가로질러 헤밍 찻집으로 발길을 옮겨 보길 바란다. 아름다우면서 고요한 공간에 혼자 여유롭게 앉아 세상이 돌아가는 것을 바라보기에는 그야말로 제격이다.주위의 풍경을 감상하면서 카드놀이로 여가를 즐기는 현지인들이나 호숫가에 휴양을 온 여행객들을 눈으로 즐길 수 있다. 중국의 수많은 큰 공원들에는 곳곳에 숨어 있는 찻집들이 많은데, 편한 운동화를 신고 현지 공원을 돌며 숨은 보석과도 같은 찻집과 티를 발견해 보기를 바란다!

숭팡 찻집
SONG FANG MAISON DE THÉ
227 YONGJIA ROAD, SHANGHAI 200031
WWW.SONGFANGTEA.COM

상하이 시에 위치한 이 특별한 찻집에서는 프리미엄급 중국 티뿐 아니라 프랑스에서 직수입한 고품격 블렌딩 티의 실렉션도 함께 제공한다. 이 찻집의 설립자는 프랑스인으로 티에 대한 사랑을 사업으로 연결시켜 중국과 프랑스 양국의 최고 티 문화를 기리고 있다. 이 매력적인 찻집의 건물은 총 3층으로 구성되어 있는데, 1층은 고풍스러운 전통 찻집으로 꾸며져 있고, 전 세계에서도 가장 좋은 품질의 티를 판매한다. 2~3층은 남녀노소 가릴 것 없이 누구나 좋아하게끔 찻집이 현대풍으로 꾸며져 있다. 직원들은 티에 대한 풍부한 지식(70종류의 티를 판매)과 친절한 서비스를 갖춰, 이 찻집에 들어오는 사람들이라면 누구나 행복한 기분이 들 것이다. 상하이의 번화가에서 잠시 벗어나 이곳을 들러 정말 진귀한 티들을 맛보는 일은 확실히 가치 있는 일이다!

▼ 상하이시에서도 유명한 숭팡 찻집 내부의 티 캔들.

중국의 다도, 궁푸차

중국의 다도와 관련해서는 어디서부터 공부를 시작해야 할까? 궁푸차工夫茶, gong fu cha로 알려진 의식은 또 무엇일까? 여기서 궁푸工夫는 '티를 마실 시간' 또는 '열과 성을 다해 티를 우리기'라는 뜻인데, 쉽게 말해 티를 전통적인 방식으로 우려내기 위해 들여야 할 시간과 노력이다.

많은 사람들이 이미 알고 있듯이, 중국은 티의 기능과 지식을 쌓아 온 경험이 수 세기에 이르고, 영토도 또한 매우 광활하다. 이러한 중국에서 다도인 궁푸차가 발달하기 시작한 것은 17세기부터였다. 이 궁푸[gung fu]는 중국식 발음으로 전통 무예인 쿵후功夫[kung fu]와 매우 비슷하지만, 쿵후의 대가인 이소룡李小龍, 1940~1973과는 전혀 관련이 없다.

몇 가지의 기본적인 내용부터 확인해 보자.

· 중국은 방대한 인구를 가진 거대 국가이다.
· 중국인들은 수 세기 동안 티를 마셔 왔다.
· 중국인들은 티를 매우 많이 마신다.
· 중국인들은 티를 다룰 때 예절을 극도로 지킨다.

위의 내용들을 미루어 보더라도, 중국에서 최고로 완벽한 궁극의 다도는 오직 하나일 것이라 생각한다면 이는 매우 큰 오산이다. 중국의 다도에는 매우 다양한 방식이 존재하기 때문이다. 그럼에도 공통적인 내용들도 있는데, 모든 다도는 차분하면서도 조용한 분위기 속에서 예법에 따라 거행된다는 점이다. 찻주전자와 찻잔은 보통 점토를 빚어 만들며, 그 화려함은 호사스러운 것에서부터 소박한 것에 이르기까지 그 폭이 매우 넓다.

한 가지 분명한 점은 '열과 성을 다해 티를 준비하는 일', 즉 궁푸차와 같은 다도는 티를 준비하는 모습을 압축해서 보여주는 최고의 방식이다. 그러나 종이 티백을 30초 정도 우려내 즐기는 사람들에게는 여간 어려운 일이 아니다. 여기서는 중국의 다도에서 볼 수 있는 일반적으로 내용들을 간략하게 소개한다.

궁푸차(工夫茶)

1 궁푸차 다도는 중국의 도기 찻주전자인 차호茶壺에 끓는 물을 담아 따뜻이 데우는 일게서부터 시작한다. 다음으로는 찻잎을 대나무 재질의 차시茶匙로 떠서 차호에 담는다.

2 뜨거운 물(끓는 물이 아님)을 차호에 부어 찻잎을 헹군 뒤 물은 버린다. 이렇게 헹군 찻잎에서는 티의 향이 처음으로 나온다.

3 더 뜨거운 물을 다시 차호에 붓는다. 이때 찻잎은 온도에 민감한 만큼 끓는 물을 부어서는 안 되며, 뜨거운 물은 차호에 흘러서 넘치도록 붓는다. 수면에 떠오른 이물질이나 거품은 걷어 내고 뚜껑을 닫는다.

4 차호를 완전히 적시도록 뜨거운 물(대개 3단계에서 남은 물)을 위에서 들이부어 차호를 골고루 데운다. 그 사이에 차호 내부의 티는 대개 1분 이내의 짧은 시간 동안 우러난다. 이렇게 우러난 티를 반원으로 배열된 찻잔들에 절반씩 차도록 잇따라 따른다. 찻잔의 나머지 빈 절반은 티를 함께 마시는 사람들 간의 우정과 애정으로 채워야 함을 상징한다.

5 티를 기다리는 사람들에게 찻잔의 티를 건넨다. 티를 마실 때는 먼저 향을 맡은 뒤에 세 번 들이켜서 마신다.

☕ 티 한 잔의 이야기

궁푸는 쿵후와 같은 뜻이 아니냐고 생각할 수도 있다. 그것은 맞는 말이다. 실제로 궁푸는 중국어로 '무예'의 뜻을 지니고 있다.

티를 우리고 준비하는 양식은
다도茶道라고 한다.
오늘날에는 다도가 시간을
보내는 한 방편으로 보일 수도 있겠지만,
그 상징성과 격식을 미루어 볼 때
티는 아직도 중국의 문화에서
매우 중요한 역할을 한다는
사실을 알 수 있다.

타이완

타이완은 우롱차의 생산지(116페이지 참조)로서뿐 아니라 최근에는 버블 티bubble tea로 새로운 유행을 일으킨 나라로도 유명하다.

펄 밀크 티pearl milk tea, 보바 밀크 티boba milk tea 등 우리가 주로 알고 있는 버블 밀크 티는 1980년대에 타이완에서 처음 탄생하였다. 버블 티는 그 폭발적인 인기로 인하여 아시아 전역으로 퍼져 지금은 길거리의 노점상에서도 쉽게 볼 수 있다. 서양에서도 북아메리카, 유럽, 중동 지역의 스마트 신도시에 펑키 스타일의 버블 티 바들이 생기면서 버블 티를 즐기는 사람들도 늘어났다. 버블 티는 티, 분유, 향신료, 설탕 시럽의 혼합물에 블랙 타피오카 볼black tapioca ball 또는 '버블bubble'을 넣은 중국 티의 현대적인 버전이다. 바야흐로 버블 티는 전통적인 잎차를 현대적이면서도 새롭고 흥미로운 방식으로 사용하거나 티를 더욱더 달콤한 형태로 만들거나 하여 오늘날에는 글로벌 트렌드의 대열에 들어섰다.

티베트

티베트는 티의 전통이 가장 잘 알려져 있지 않은 나라들 중의 한 곳이다. 진한 홍차의 잎이나 보이차를 밤새 끓여서 매우 진한 농축액의 티를 만든다. 여기에 야크나 산양의 젖을 발효시켜 만든 버터와 소금을 넣은 뒤에 티가 걸쭉하면서도 거품이 일 때까지 휘젓는다. 일반적으로 티베트의 사람들은 영양분의 중요 공급원으로서 이 고칼로리의 음료를 따뜻이 데워 하루에도 한 번 이상 마신다.

🍵 티 한 잔의 이야기

버블 티에는 티뿐 아니라 고칼로리의 재료들도 다량으로 들어간다. 따라서 칼로리의 함유량에서 볼 때 버블 티 한 잔이 햄버거보다 더 많을 수 있다!

▶ 칭하이성青海省 남부 지역의 티베트 밀교 승려가 버터 티로 목을 축이며 온화한 미소를 짓는 모습.

일본

일본은 티를 마시는 예식과 관련하여 세계에서 가장 유명한 나라이다. 수 세기 동안 일본에서는 티를 준비하고 마시는 행위를 격식이 있는 예술의 한 형태로 승화시켰다. 일본의 다도인 차노유茶の湯의 기본 원칙은 자리를 함께한 사람들에 대한 겸손과 존중, 순간의 소중함에 대한 감사, 소박미와 균형감의 예술에 기반하고 있다.

일본에서 가장 대중적인 음료는 단연 녹차이다. 일본 사람들은 이 녹차를 열도 전역에 걸쳐 광범위하게 마시고 있어 단순히 차茶 또는 오차お茶라고 한다. 산지에서 차나무가 재배된 조건, 찻잎을 수확한 장소, 증기에 찐 방법, 건조 및 가공에 들인 시간에 따라 다양하게 생산되는 녹차들을 통칭하는 용어이다. 일본에서는 수 세기에 걸쳐 수많은 종류의 녹차들을 개발해 왔는데, 이러한 녹차들은 오늘날 일본의 문화와 생활 속에 깊숙이 자리하고 있다 (110페이지 참조).

티에 숨은 이야기들

일본에 처음으로 티를 전파한 사람은 8세기경에 중국에서 유학하던 불교 승려인 사이초最澄, 767~822였다. 당시에 티는 종교 지도자들이나 왕족들만이 향유할 수 있었다. 1191년에 일본 임제종의 창시자인 에이사이榮西, 1141~1215가 중국에서의 기나긴 유학을 마치고 차나무의 씨앗을 들고 귀국하면서 차나무의 재배와 티의 소비가 확산되었다. 선종의 명상을 수행하기 위해 중국에서 유학하였던 에이사이는 당시 중국인들이 찻잎을 가루로 만들어 티를 준비하는 양식을 눈여겨보고 일본에 소개하면서, 고운 가루 티인 맛차抹茶, Matcha야말로 피로감을 몰아내 선종의 명상 수행에서는 없어서는 안 될 중요 요소라고 공언하였다. 에이사이는 또한 일본에서는 처음으로 티에 관한 전문 도서도 출간하였으며, 특히 맛차의 기능과 건강적인 효능을 매우 강조하였다(112페이지 참조).

이 맛차도 당시에는 고가의 사치품으로서 귀족 계층이나 상위 사무라이 계층들과 같은 극소수의 사람들만이 향유할 수 있었다. 나머지 하위 계층의 사람들도 티를 마시려면 티를 저렴한 가격으로 내리기 위한 다른 방법들을 강구해야만 했는데, 그 과정에서 등장한 것이 겐마이차玄米茶, Genmaicha이다. 겐마이차는 녹차에 볶은 쌀을 혼합해 만든 티이다. 먹을거리가 없는 극빈층에서 장기간 굶고 있을 때 이런 식으로 티에 쌀을 추가해 끼니를 때웠다. 티 대신에 쌀이 일부 들어가면서 찻잎의 양은 줄어들었고, 비용도 덩달아 감소하였다. 교토에 사는 사람이 우연히 티에 모치(떡)를 떨어뜨렸고, 이를 버리기 싫어 했던 것이 겐마이차가 탄생하게 된 계기였다. 오늘날 겐마이차는 티에 떠 있는 쌀이 팝콘과 유사하여 '팝콘 티'라고 하며, 모두가 즐겨 마신다.

오늘날 일본에서 주로 마시는 녹차는 센차煎茶, Sencha로 18세기에 개발되었다. 센차는 차나무에서 딴 가장 여린 새싹을 증기로 찌고 짓이긴 뒤에 산화oxidation가 일어나지 않도록 건조시켜 만든다(100페이지 참조). 교쿠로玉露 Gyokuro는 햇빛에 노출되지 않고 차광된 곳에서 자란 새싹만으로 만들어 센차 중에서도 최상품에 속한다(110페이지 참조).

전통 맛차 만드는 방법

맛차를 준비하는 전통적인 방식은 조그만 스저인 차샤쿠茶杓(한국, 중국에서는 차시라고 한다)로 맛차를 적당한 양으로 떠서 차사발인 차완茶碗에 넣고 뜨거운 물을 부은 뒤 대나무 빗살의 차선茶筅으로 휘저어 거품을 내 마시는 것이다. 그러면 맛차의 향미는 한결 더 부드러워진다. 또한 자연 본래의 단맛이 있어 다른 녹차와는 달리 쓴맛이나 거친 맛이 전혀 없다. 맛차의 향미는 매우 풍부하고 부드러울 뿐 아니라 신선하면서도 상쾌하여 녹차의 맛과 향이 꽤 오래 지속된다.

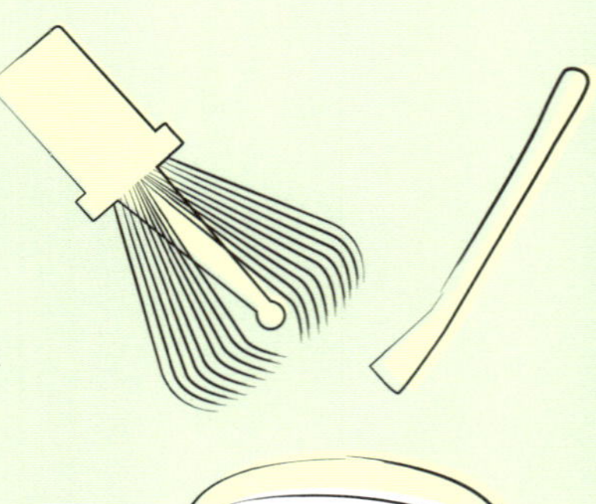

1 차샤쿠로 맛차 1술을 차완에 넣는다. 티스푼으로는 ½술 정도이다.

2 맛차에 소량의 따뜻한 물을 붓는다. 물이 너무 뜨거우면 찻잎이 익을 수 있다.

3 휘젓는다. 일본 전통 방식으로 차선을 사용해도 좋지만, 소형 전동 거품기를 사용해도 좋다.

4 적당한 양의 뜨거운 물을 그 위에 붓고 맛있게 즐긴다.

가루 형태의 맛차는 그 즐기는 방법이 매우 다양하다(112, 168, 173, 179, 180, 192, 196, 199, 200페이지 참조).

21세기 일본의 티 문화

도심의 거리를 거닐든, 카페나 사무실로 들어서든, 일반 가정을 방문하든, 일본에서는 항상 티를 우리는 모습을 볼 수 있다. 레스토랑에서는 티를 뜨겁게 또는 차갑게 무료로 제공하고, 자동판매기, 가판대, 편의점, 슈퍼마켓 등에서는 티를 병이나 캔에 담은 형태로 판매한다. 설탕과 우유를 넣어 단맛이 감도는 서양식 홍차인 고차粉茶, kocha가 병에 담겨 냉장 상태로 널리 시판되고 있지만, 아직까지 일본에서 주로 마시는 티 음료는 녹차이다. 최근 들어서는 우롱차도 점점 그 인기를 더해 가고 있다.

일본의 가정에서는 아침, 점심, 저녁으로 녹차를 마신다. 가정을 방문한 손님에게도 어김없이 녹차를 내는데, 주인은 스트레이너에 녹차를 넣은 뒤 손님을 위해 조심스럽게 티를 우려낼 것이다. 만약 손님이 설탕을 요구한다면, 자신이 외국인이라는 정체를 드러내는 것이다. 녹차는 미각을 중화시키는 굉장한 효능이 있는 것으로 간주되는 만큼 설탕을 넣지 않는다. 또한 일본인들은 수분을 보충하기 위해 물 대신에 녹차를 많이 마신다. 이러한 취향은 오늘날의 일본인들이 그 바쁜 생활 속에서 녹차를 즉석 음료로 병에 넣어 다니며 마시도록 하는 데 큰 기여를 하였다. 젊은 세대들은 가게와 자동판매기에 전시된 포도 향, 멜론 향, 복숭아 향의 탄산음료 등과 같이 다른 음료에도 매우 익숙하다. 그럼에도 녹차는 노년층과 젊은층을 아울러 최상의 음료로 선호되고 있다. 맛, 신선도, 건강 효능 등을 종합해 볼 때, 녹차보다 우위에 있는 음료는 드물기 때문이다.

호텔 친산소 도쿄
ホテル椿山荘東京
HOTEL CHINZANSO TOKYO
10-8, SEKIGUCHI 2-CHOME, BUNKYO-KU, TOKYO 112-8680
WWW.HOTEL-CHINZANSO-TOKYO.COM

도쿄에 있는 호텔 친산소에서 묵는다면, 마치 루이스 캐럴Lewis Carroll, 1832~1898의 저서인 『이상한 나라의 앨리스Alice's Adventures in Wonderland』에 등장하는 토끼 굴로 빠져 마법의 숲에 도달한 느낌이 든다. 냉혹하리만큼 바쁘게 돌아가는 도쿄의 심장부에서 호텔로 들어서면 내부에 넓고 우아한 입구가 보이며, 바닥에서 천장에 이르는 유리창을 통해 호텔의 아름다운 정원도 함께 조망할 수 있다. 호텔과 야외의 정원은 너무나 넓어 다 둘러보기에도 힘들 정도이다. 더욱이 '도심 속 오아시스'로 알려진 이 호텔의 정원에는 일 년 내내 꽃이 만발하는데, 한 곁에는 전통 찻집도 자리하고 있다. 호텔 안에는 티 마스터가 상주하여 다도를 주관하여 진행하는 곳이 있는데, 티에 관해 유익하고도 방대한 지식을 몸소 체득할 수 있다. 개인적으로는 이곳을 꼭 방문해 보기를 권해 본다! 그 밖에 이 호텔에는 도쿄에서도 가장 큰 스파 시설이 있고, 전천후의 수영장과 자연 온천도 들어서 있다.

돈다야
冨田屋 TONDAYA
ICHIJO-AGARU OMIYA KAMIGYO-KU KYOTO 602-8226
WWW.TONDAYA.CO.JP

돈다야는 다도와 기모노 복식 등 다양한 체험 행사를 선보이는 생활박물관이다. 합리적이면서도 저렴한 요금으로 건물 내를 관람할 수 있다. 점심에는 도시락도 제공한다. 창의성을 북돋기 위해 서예와 종이접기 수업도 진행한다. 여흥을 즐기려면 과거로 되돌아가 일본 왕정 속의 한 사람이라고 상상해 보는 것도 좋다. 교토 역에서 버스로 25분 거리에 위치한 마치야町家는 일본 전통식의 목조 주택으로 1885년에 건립되었는데, 당시에 정면의 작업장과 함께 기모노 도매점으로 사용되었다.

주케이안
浄敬庵 JOUKEIAN
SANNAI CHO 1-24 SENNYUJI HIGASHIYAMAKU, KYOTO
WWW.JOUKEIAN.GOTOHP.JP

주케이안은 교토 역에서 차량으로 매우 가까운 거리에 있는 다도 교습소이다. 다도를 25년 이상이나 연마한 마츠모토 쇼코松本宗幸 씨가 운영하고 있다. 그녀는 일본 다도인 차노유茶の湯의 공식 예식인 차지茶事와 그 약식인 차카이茶숲 과정뿐 아니라, 야간에 촛불을 켜며 진행하는 다도 과정도 함께 운영하고 있다.

▶ 도쿄에 있는 호텔 친산소에 조성된 야외 정원의 풍경(위)과 실내의 찻집(아래).

일본의 다도, 차노유

전 세계에서 가장 많이 이야기되는 티 의식은 아마도 일본의 전통 다도인 차노유茶の湯일 것이다. 차노유는 '티를 우리는 뜨거운 물'을 뜻한다. 너무도 간단해 보이지 않은가? 그러나 티 애호가의 관점에서는 그리 호락호락한 일이 아니다.

차노유는 손님이 방문할 경우에 안주인이 맛차를 준비하는 예식을 중심으로 진행된다. 차노유의 공식 예식은 보통 4시간에 걸쳐 진행된다. 각 단계에서는 손길이 닿을 때마다 감각을 최대한으로 집중시키면서 산만한 요소들은 최소한으로 줄여야 한다.

일본의 다도는 매우 조용하고 평화로운 의식으로 널리 알려져 있지만, 실제로 그 기원은 지금의 모습과는 사뭇 다르다. 고가의 다구들을 수집하는 데 큰 즐거움을 지녔던 부유층들이 웅장한 저택에서 사치스러운 다구들을 자랑스럽게 보여 주며 시끌벅적한 모임을 열었던 것이 그 시초이기 때문이다.

15세기까지 일본에서는 선종의 대가인 승려들이 손님에게 티를 내는 방식이 각기 달랐다. 그러한 방식들은 더 큰 영적인 고취로 이끌었는데, 특히 물질적인 소유욕을 멀리하고, 자신의 내면과 주변의 환경에서 소박미를 중요시한 사상은 오늘날 일본 다도의 근간을 이루고 있다.

사무라이 제도가 폐지된 19세기 말에 이르러서는 남성들만의 전유물이었던 다도가 여성들에게도 넘어 갔다. 이 무렵부터 젊은 여성들은 훌륭한 예절과 우아함을 갖추기 위해 정성껏 다도를 익혔다. 여기서는 일본의 전통 다도인 차노유의 주요 단계를 소개한다.

차노유(茶の湯)

1 손님이 방문하면, 안주인기 입구에서 허리를 굽혀 절하며 맞이한다.

2 손님은 세면대에서 손을 씻고 신을 벗은 뒤 차실茶室로 들어간다. 신을 벗는 행위는 일본어서 가정이나 전통 가옥의 실내로 들어가는 사람이면 두구나 지켜야 하는 일반적인 관습이다.

3 차노유의 공식 예식인 '차지茶事'에서는 가벼운 식사가 나오지만, 약식인 '차카이茶숲'에서는 사탕이나 과자가 나온다.

4 다관(일본의 전통 찻주전자), 차샤두, 차완은 사용하기 전에 다구들을 청결히 한다는 의미에서 깨끗이 닦아 낸다.

5 안주인은 차샤쿠로 맛차를 떠서 차단에 체로 쳐서 넣은 뒤, 대나무 국자인 히샤쿠柄杓로 주전자에서 뜨거운 물을 떠 맛차 위에 붓는다. 이 혼합물을 大-선으로 거품이 일 정도로 휘젓는다.

6 이렇게 만든 신선한 맛차를 손님 앞에 내놓는다. 손님은 고개를 살짝 숙이며 감사의 뜻을 전한다.

7 왼손으로 차완을 받치고, 오른손으로는 차완 가장자리를 쥐거 입술로 가져가 마신다. 손님이 2명 이상일 경우에는 티를 처음 마신 손님이 입술이 닿은 차완의 부위를 닦아 낸 뒤에 다음 손님에게 건넨다. 이러한 행동은 모든 참석자에게 유대를 상징적으로 보여 주기 위한 것이다.

8 대화 내용의 소재는 보통 찻잔과 같은 다구와 차실 내의 장식 정도이다.

차노유에서 사용하는 맛차는 햇빛을 가려 재배
한 차나무에서 여린 새싹을 따서 곱게 빻은 고
급 가루차이다(112페이지 참조). 맛차를 준비하
려면 다음의 몇 가지 다구들이 필요하다.
• 차완(차사발)
• 차선(대나무 거품기)
• 차샤쿠(대나무 수저)
• 히샤쿠(대나무 국자)
• 후루이篩(체)
• 차카마茶釜(찻잎을 우리는 큰 솥)
• 난로 또는 전열기

아메리카, 오스트레일리아

북아메리카의 티 세계에서는 오늘날 큰 변화의 바람이 불고 있다. 미국에서 티가 독립 전쟁을 촉발시키며 중요한 역할을 한 지도 300여 년이 흐른 지금에 이르러, 소비자들은 이제 전 세계 곳곳에서 생산되는 고품질의 티를 보다 더 많은 지역에서 쉽게 접할 수 있다. 또한 그러한 티를 뜨겁게, 차게, 다양한 종류의 재료들을 혼합하고, 젓고 뒤흔들면서 다양한 형태로 만들어 마시고 있다. 2012년 말에는 다국적 커피 프랜차이즈 업체인 스타벅스Starbucks가 티 숍 체인점인 티바나Teavana를 인수하면서 티의 세계에 큰 충격을 안겨 주었다. 그리고 남반구인 오스트레일리아와 뉴질랜드에서도 티 시장이 개척되면서 바야흐로 '티 문화의 세계화', '세계 어디에서도 티를 마실 수 있는 환경'이 구축되기에 이르렀다.

미국

미국에서는 티에 관한 세 가지의 유명한 이야기가 있다. '보스턴 티 사건the Boston Tea Party', '아이스티의 막대한 소비', '티백의 발명'이다. 보스턴 티 사건은 많은 사람들이 이미 알고 있듯이, 1773년 12월 16일, 모호크 족Mohawk으로 위장한 미국 애국주의자들이 보스턴에 정박 중이던 선박에서 동인도 회사 소유의 티 박스 342개를 바다로 내던진 사건이다. 이 사건은 티에 매긴 과도한 세금과 동인도 회사의 독점 거래에 대한 반발로 일어난 시위였다. 이 보스턴 티 사건은 티에 관해서는 세계에서도 가장 유명한 역사적인 사건으로, 미국의 독립 혁명과 1776년 7월의 독립 선언으로 가는 길을 연 것으로 평가되고 있다. 한편 일부 사람들은 이를 두고 당시 정착되었던 티를 마시던 관습도 이제는 종말에 이를 것이라는 일종의 신호탄으로 보기도 했다. 당시의 분위기로는 티를 마시고 판매하는 일이 비애국적인 행위로 받아들여졌고, 결국 이 사건은 이후 티가 결코 미국의 일부가 될 수 없었던 가장 큰 이유로 작용하였다.

아이러니하게도 오늘날 미국에서는 티 문화의 전통이 깊숙이 뿌리내리지 못한 탓에 뒤늦게 티 문화가 번창하고 있다. 티의 소비량은 급속도로 늘고 있고, 티는 무한한 가능성을 지닌 매우 역동적이면서도 흥미로운 음료로 평가되고 있다. 미국의 폭넓은 다문화주의로 인해 중국, 일본, 동유럽, 영국 등 다양한 국가의 강력한 티 문화가 미국인들의 티 인식에 큰 영향을 주었던 것이다. 티를 활용할 수 있는 일은 오늘날 무궁무진하다. 예를 들면, 뜨겁게 또는 차갑게 마실 수 있고, 고유의 티 향미만 순수하게 느낄 수도 있으며, 이국적인 향신료를 가하여 차이 라테, 버블 티, 티 칵테일로 만들 수도 있고, 더 나아가 다양한 요리의 재료로도 활용할 수 있다.

유럽이나 아시아의 분위기가 물씬 풍기는 전통적인 찻집에서부터 도시 분위기의 커피 하우스와 경쟁을 벌이는 화려한 스타일의 현대적인 티 하우스에 이르기까지 수많은 티 바들이 미국 내 곳곳에 들어서고 있다. 특히 동부나 서부의 해안에 위치한 대도시에서는 그러한 현상이 집중되고 있다. 미국인들이 건강을 위해 탄산음료나 커피를 대체할 수 있는 음료를 찾으면서 녹차와 허브티도 큰 인기를 얻고 있다. 오늘날 미국 전역의 티 바에서 일어나고 있는 이러한 소비 경향은 티가 전 세계에서 소비되는 방식에도 큰 영향을 줄 것으로 보인다.

☕ 티 한 잔의 이야기

뉴욕 주에는 티 타운이라는 곳이 있다. 티 타운이라는 이름의 기원은 영국의 조세 제도로 인해 티가 매우 희귀하였던 1776년으로까지 거슬러 올라간다. 당시 존 아서John Arthur라는 사람이 티를 팔아 막대한 이익을 얻을 목적으로 웨스트체스터 북부로 이사를 왔다. 그런데 '이브의 딸들the Daughters of Eve'이라는 한 여성 단체가 당시 아서가 숨겨 저장해 두었던 티를 발견하고 합리적인 가격으로 팔 것을 요구하였지만, 아서는 이를 무시하였다. 여성들이 아서의 집을 에워싸면서 시위를 벌이자, 아서는 결국 평화를 위해 티를 정당한 가격에 판매할 것에 동의하면서 오늘날 이곳은 티 타운으로 불리게 되었다.

아이스티 만드는 방법

아이스티를 만드는 방법은 매우 다양하지만, 설탕과 인스턴트 티 파우더를 섞어 봉지에 담아 판매하는 것을 사용하는 것보다 실제 잎차를 직접 사용해 '신선하게 우리는' 방식을 권장한다.

미국 남부 주에서는 일반적으로 아이스티를 만들 때, 찻잎과 찬물을 유리병이나 물병에 넣어 2~4시간 정도 햇빛 아래에 그대로 둔다. 곧이어 찻잎을 꺼낸 뒤 취향에 맞게 얼음이나 설탕을 넣어 마신다(아이스티의 다양한 향미는 195페이지 참조).

단 몇 분 만에 아이스티를 신선하게 우릴 수 있는 간편한 방법을 소개한다.

1 유리잔이나 물병에 잎차와 뜨거운 물을 담아 3~5분 정도 우려낸다. 티를 고농도로 우려내려면 찻잎이 물에 완전히 잠겨야 한다는 사실을 유의하자.

2 찻잎을 제거한 뒤 얼음물을 붓는다.

3 과일과 민트 잔가지로 장식하면 끝이다.

로열 S. 코프랜드Royal S. Copeland, 1868~1938/
미국 상원의원, 학자

대부분의 나라와는 달리 미국에서는 한 해 소비되는 전체 티의 80% 이상을 아이스티가 차지하고 있다. 이 아이스티의 기원에 관하여 일부 사람들은 1904년 세인트루이스에서 열렸던 세계박람회에서 티 전시관을 책임지고 있던 영국의 상인 리처드 블레친든Richard Blechynden이 처음 만든 것으로 보고 있다. 당시 맹렬한 더위로 티 전시관에 들리는 사람들이 드물었던 탓에 티를 선보이는 데는 다소 절망적인 상황이었지만, 블레친든은 얼음을 채운 유리잔에 티를 넣어 차게 제공하기로 결심하였다. 이 방법이 곧바로 큰 반향을 불러일으키면서 얼음을 넣은 아이스티도 티를 마시는 미국인들의 큰 관심을 끌기 시작했다는 것이다. 그러나 아이스티의 실제 기원은 1800년대 초 미국 남부에서 흔히 볼 수 있었던 펀치punche로 티를 베이스로 하는 음료였다. 펀치는 본래 녹차와 알코올을 혼합한 칵테일이었다. 레티스 브라이언Lettice Bryan이 1839년에 지은 요리 도서인 『켄터키 하우스와이프The Kentucky Housewife』에서는 강한 티 1½파인트(pint, 1파인트는 ⅛갤런), 백설탕 2½컵, 스위트 크림 ½파인트와 클라레claret(드라이 레드와인) 한 병이나 샴페인을 혼합해 만드는 것으로 소개하고 있다. 이 음료는 차갑게도, 뜨겁게도 마실 수 있다.

아이스티의 레시피에 대해서는 수많은 도서에서 매우 다양하게 소개되었지만, 시간이 지나면서 홍차에 얼음을 넣은 뒤 레몬과 설탕을 끼얹는 방식이 점차 일반화되었다. 미국 남부에서 달콤한 아이스티는 주위에서 쉽게 접해 마실 수 있는데, 여름철 강렬한 더위를 한 방에 날려 버릴 시원한 기호음료로 자리를 잡았다. 티를 병에 담는 것만큼이나 편리한 방법은 또 없을 것이다. 즉석 음료인 아이스티는 점점 더 인기를 더해 가면서 지금은 한 해 판매액이 50억 달러에 이르고 있다. 참으로 놀라울 정도로 많은 양의 아이스티이다.

티 음료가 이와 같이 큰 인기를 끌고 있지만, 미국은 차나무의 재배로 그리 유명한 곳이 아니다. 단지 사우스캐롤라이나 주, 워싱턴 주, 앨라배마 주, 하와이 주에서나 재배되는 정도이다. 이 중에서도 중요 재배지를 꼽는다면, 사우스캐롤라이나 주를 들 수 있다. 이곳은 아열대성 기후, 풍부한 강우량, 사질토

▲ 매우 신선하게 우려진 아이스티.

등 차나무의 재배에 최적의 생육 조건을 갖추고 있다. 이 주에서는 1880년 대 후반에 차나무의 재배에 처음으로 성공하였지만 재배가 보편화된 것은 비교적 최근의 일이다. 워드맬로 아일랜드의 51.4헥타르 면적의 감자 농장과 같은 곳은 1963년에 이르러서야 비로소 차나무의 재배지로 완전히 바뀌었다. 해를 거듭할수록 이 다원은 상업적으로 성공을 거두기 시작했고, 지금은 공장이 들어서면서 녹차와 홍차를 생산하고 있다.

☕ 티 한 잔의 이야기

사우스캐롤라이나 주에서 생산되는 티는 1995년 4월에 주의 공식 접대 음료로 선정되었다.

◀ 캔에 담겨 차곡차곡 쌓여 있는 카네이션 연유.

캐나다

미국에서는 대부분 아이스티를 마시지만, 북부의 이웃 나라인 캐나다에서는 대부분 따뜻한 티를 마신다. 캐나다는 영토가 광활한 만큼이나 티의 종류도 매우 다양하다. 캐나다 서부 해안 지역에서는 많은 사람들이 커피의 대체 음료로 녹차나 허브티를 마신다. 뉴펀들랜드에서는 동부로 갈수록 점점 더 전통적인 티를 마시는데, 아일랜드 방식으로 강하게 우린 뒤 우유를 넣어 마신다(26페이지 참조). 좀 더 정확히 말하면, 뉴펀들랜드에서는 낙농업을 하지 않기 때문에 우유 대신에 카네이션 연유Carnation condensed milk를 사용한다. 또한 티는 토론토나 몬트리올의 프렌치 스타일을 풍기는 티 살롱과 같이 도심 속 세련된 티 바를 중심으로 폭발적인 인기를 끌고 있다.

이누이트 티

이누이트Inuit(또는 에스키모)는 강하게 우려낸 홍차와 더불어 허브티도 즐겨 마신다. 래브라도 티Labrador tea는 저지대에서 자라는 상록 관목의 잎으로 만든다. 래브라도는 지명으로서 개의 품종인 래브라도 레트리버와는 전혀 관련이 없다! 잎에는 비타민 C가 풍부하지만 다양한 독성을 품고 있어 약하게 우려내 마신다. 그 밖의 허브티들은 북부의 강한 추위를 견디기 위해 주로 크로베리crowberry, 주니퍼juniper, 클라우드베리cloudberry 등을 넣어 약용으로 많이 마신다.

☕ 티 한 잔의 이야기

캐나다에서는 북부의 이누이트 티를 매우 소중한 물품으로 여긴다. 홍차를 강하게 우려내 설탕이나 우유를 넣지 않고 그대로 마신다.

댄딜라이언
THE DANDELION
124 S 18TH ST, PHILADELPHIA, PA 19103
WWW.THEDANDELIONPUB.COM

미국 필라델피아의 리튼하우스 광장Rittenhouse Square 근처로 여행을 간다면, 영국식 개스트로펍(음식으로 유명한 식당)인 댄딜라이언에 꼭 들러 보아야 한다. 이곳에서는 매일 오후 3시부터 5시까지 애프터눈 티가 제공되는데, 온갖 종류의 티들이 다 나온다! 보다 더 전통적인 티 서비스 메뉴인 '퀸즈 크로케 그라운드Queen's Croquet Ground'에서는 유명 브랜드인 트와이닝스Twinings와 티피그스teapigs의 티를 제공한다. 또한 생소한 티를 경험해 보려는 사람들에게는 '매드 해터 티 파티Mad Hatter Tea Party' 메뉴가 안성맞춤이다. 예를 들면, 그린 티 모히토Green Tea Mohjito와 캐모마일 레모네이드Chamomile Lemonade에 버번 위스키bourbon whiskey를 셰이킹한 매우 독특한 티 칵테일이 제공되기 때문이다. 마지막으로 '더 도어마우스-하이 티 포 타츠The Dormouse-High Tea for Tots' 메뉴를 선택하면 카페인이 없는 티와 함께 땅콩버터, 치즈 토스트 샌드위치와 같은 음식들이 제공된다. 실내 장식은 엉뚱하면서도 매력적이다. 개집에 자리를 잡아 보는 것도 재미있을 것이다!

맛차바
MATCHABAR
93 WYTHE AVE, BROOKLYN, NY 11249
WWW.MATCHABARNYC.COM

미국의 윌리엄즈버그Williamsburg(브루클린)는 최신 유행을 좇는 이들의 성지이다. 이곳의 맛차바는 뉴욕 시에 처음으로 들어선 맛차 전문 카페로 맛차만을 판매하는 곳으로는 유일하다. 전통적인 맛차를 비롯해 현대인들의 입맛에 맞춘 라떼인 '마치아토스matchiatos', 복숭아 향미를 가미한 피치 맛차 아이스티 등을 판매한다. 또 한 가지. 이곳의 메뉴는 시시각각 바뀌는데, 맛차 도넛과 머핀 등 손님들이 즐거워할 만한 아이템도 많다. 브루클린에 갈 일이 있다면, 이곳에 꼭 들러 자신만의 맛차를 즐겨 볼 것을 권해 본다.

사모바르 티 바 & 라운지
SAMOVAR TEA BARS & LOUNGES
FOUR LOCATIONS ACROSS SAN FRANCISCO
: THE MISSION, HAYES VALLEY, THE CASTRO AND YERBA BUENA GARDENS
WWW.SAMOVARTEA.COM

이곳의 직원들은 바쁘고 정신없이 돌아가는 삶을 사는 현대인들이 티를 통해 잠시나마 휴식을 취하면서 재충전을 할 수 있다는 신념을 갖고 있다. 이곳에 들어서면 구리제의 사모바르에서 우러나고 있는 차이 티의 향신료 향에 오감이 사로잡혀 바깥의 일은 곧바로 잊어버리게 된다. 이곳에서 테이크아웃을 하는 일은 바보짓이다. 반드시 자리에 앉아 전문지식을 갖춘 직원으로부터 짜임새 있게 구성된 음식과 티에 곁들여 먹는 메뉴에 대한 설명을 들은 뒤에 자신이 원하는 것을 고르도록 한다. 이곳에서는 일본, 영국, 모로코, 중국, 인도, 러시아 등 전 세계의 티를 제공한다.

볼프강 퍽 앳 호텔 벨 에어
WOLFGANG PUCK AT HOTEL BEL-AIR
701 STONE CANYON RD, LOS ANGELES, CA 90077
WWW.DORCHESTERCOLLECTION.COM/EN/LOS-
ANGELES/HOTEL-BEL-AIR/RESTAURANTBARS/
WOLFGANG-PUCK-AT-HOTEL-BEL-AIR

미국 로스앤젤레스에서 잊지 못할 오후를 보내고 싶다면 아름답고도 신비한 오아시스와도 같은 벨 에어 호텔에 들러 애프터눈 티를 경험해 보기를 바란다. 호텔은 도심에서 약간 비켜 난 토팡가 주립공원Topanga State Park 인근에 위치해 있어, 벨 에어Bel-Air의 구불구불한 언덕을 통과하는 데는 약간의 시간이 걸릴 수도 있지만 꼭 가 볼 만하다. 당신을 꽉 막힌 교통체증에서 파라다이스로 단박에 옮겨 줄 것이다. 야외에 앉아 로스앤젤레스의 따스한 햇살 아래에서 휴식을 취해 볼 것을 권한다. 호텔의 아름다운 정원과 연못도 둘러보기를 바란다. 두 발로 뒤뚱거리는 백조의 모습도 볼 수 있다!

볼더 더산비 티 하우스
THE BOULDER DUSHANBE TEAHOUSE
1770 13TH STREET, BOULDER, CO 80302
WWW.BOULDERTEAHOUSE.COM

미국 콜로라도 주의 볼더 시에 있는 볼더 더산비는 미국에서도 가장 특별한 티 하우스이다. 이곳은 자매 도시인 타지키스탄의 수도인 두산베에서 보내온 선물로 건축되었으며, 그 과정에는 40명 이상의 타지키스탄 예술가들이 참여하였다. 손으로 직접 제작해 생동감이 넘치는 내부 천장의 장식과 외부의 테라스를 따라 흐르는 볼더 크리크Boulder Creek강은 마치 타지키스탄과 볼더 지역의 문화를 완벽하게 융합해 놓은 듯해 독특한 분위기를 풍긴다. 오후 3시부터 5시까지 애프터눈 티를 제공하며, 전 세계 곳곳의 다양한 티를 경험해 볼 수 있다.

세더버그 티 하우스
CEDERBERG TEA HOUSE
1417 QUEEN ANNE AVE N, SEATTLE, WA 98109
WWW.CEDERBERGTEAHOUSE.COM

미국 북서부의 최대 도시인 시애틀은 커피의 도시로도 유명하지만, 티 또한 놀라울 정도로 유명하다! 시애틀에 왔다면 반드시 가 봐야 하는 곳이 세더버그 티 하우스인데, 특히 루이보스를 좋아하는 사람들이라면 더더욱 그렇다. 이 남아프리카식의 카페에서는 곱게 간 찻잎을 에스프레소 머신으로 우려내 만든 전통

적인 스타일의 루이보스 라떼rooibos latte가 유명하다. 배가 고프다면 버니 차우Bunny Chow, 남아프리카 고기 파이 등 훌륭한 전통 요리와 다양한 종류의 사탕이나 과자도 맛볼 수 있다.

타운센드 티 컴퍼니
TOWNSHEND'S TEA COMPANY
2223 NE ALBERTA ST, PORTLAND, OR 97211
WWW.TOWNSHENDSTEA.COM

미국 북서부의 포틀랜드를 매우 특별난 도시로 만든 것은 이곳 사람들이 공동체 의식을 중요시하고 장인정신을 존경한 덕분이다. 타운센드 티 컴퍼니에서는 이 두 가지 모두를 경험할 수 있다! 이곳에서는 엄선된 티 메뉴를 갖추고 있으며, 아늑하고 친근한 분위기 속에서 티를 즐길 수 있다. 포틀랜드에는 본점과 분점 두 곳이 있으며, 모두 포틀랜드 분위기를 느끼기에 충분하다. 이곳에 가면 친근한 현지인들을 늘 만날 수 있으며, 지역 예술인과 음악인들을 위한 현지 예술과 공연이 펼쳐지기도 한다. 날씨가 따뜻해지면 매월 미니 페스티벌을 개최해 외부에 티나 음식을 내놓기도 한다.

맨케이크스 베이커리
MANCAKES BAKERY
288 ROBSON ST, VANCOUVER, BC V6B 6A1
WWW.MANCAKESBAKERY.COM

티 한 잔에 달콤한 간식거리를 원하는가? 그렇다면 캐나다 밴쿠버의 예일타운에서 유행하고 있는 맨케이크스 베이커리에 방문해 볼 것을 권해 본다. 이곳의 직원들은 환상적인 컵케이크를 잽싸게 만드는 방법을 잘 알고 있다. 베이컨 칠리 초콜릿과 애플 브리와 같이 매일 11개 이상이나 제공되는 다양한 맛의 컵케

이크는 분명히 사람들의 입맛을 불러일으킬 것이다. 티와 컵케이크를 선택한 뒤 무료 와이파이로 인터넷을 즐기거나 오가는 사람들을 곁에서 보며 한가로운 시간을 보내도 좋다!

그린 빈
THE GREEN BEAN
210 LAKESHORE RD EAST, OAKVILLE, ON L6J 1H8
WWW.GREENBEAN.CA

캐나다 온타리오 주에서도 자연 경관이 좋기로 유명한 오크빌 시의 한적한 곳에 위치한 그린 빈에서는 커피와 티, 그리고 간식거리를 매우 다양하게 제공한다. 이 작은 티(또는 커피) 하우스에는 앙증맞은 안뜰이 있어 아름다운 여름 풍경을 감상할 수 있으며, 가끔 봄과 가을에도 아름다운 풍경을 즐길 수 있다. 이곳에 그냥 앉아 티를 즐길 수도 있지만, 테이크아웃을 통해 오크빌의 역사적인 장소나 멋진 해안가를 둘러보는 것도 좋다.

▼ 사모바르 티 바의 한 분점.

아르헨티나 & 우루과이

아르헨티나와 우루과이 지역을 방문할 일이 있다면, 예르바 마티yerba mathey라고도 하는 음료인 예르바 마테yerba mate를 마셔 볼 것을 권해 본다. 엄밀히 말하면, 예르바 마테는 티가 아니라 루이보스와 같은 티잰(134페이지 참조) 음료이다. 예르바 마테는 남아메리카의 열대 우림 중에서도 특히 아르헨티나 북부, 우루과이, 브라질 남부, 파라과이에서만 자생하는 신성한 나무인 마테나무로부터 잎을 따서 티의 가공 방식과 동일한 방식으로 만든다. 마테는 과라니Guarani 족 원주민들이 처음 소비하였는데, 브라질 남부와 파라과이에 거주했던 투피Tupi 족에게로 점차 전해졌다.

마테나무의 잎에는 천연 비타민, 미네랄, 아미노산, 항산화 물질 등이 다량으로 함유되어 있다. 실제로 1960년대에 다수의 연구 기관에서는 "영양학적인 면에서 마테와 동등한 가치를 지닌 나무는 전 세계에 어디에도 없다."며, 예르바 마테에는 "생명을 유지하는 데 꼭 필요한 각종 필수 비타민들이 함유

되어 있다."고 발표한 적이 있다.

예르바 마테는 남아메리카의 여러 나라에서 즐겨 마시는데, 우루과이와 아르헨티나에서는 거의 '국민 음료'의 반열에 올라 있다. 많은 사람들이 보온병이나 텀블러에 마테를 넣어 지니고 다니는데, 다 마시면 가까운 리필 스테이션에서 뜨거운 물을 다시 부어 우려내 마신다.

많은 음식들이 그러하듯 마테의 기원에 대해서도 의견이 다양하게 갈리지만, 아르헨티나와 우루과이의 전통 다도를 체험하지 않고서는 결코 남아메리카를 여행했다고 말할 수 없다. 예르바 마테는 전통적으로 둥근 사발 모양인 일종의 조롱박에 넣어 마시는데, 그 조롱박에 마테를 담아 친구나 가족에게 돌려 나눠 마신다.

수 세기 동안 열대 우림의 지역에서 생활해 온 원주민들은 오래전부터 노화 방지의 효능과 집중력 향상의 효능이 있는 예르바 마테를 마셔 왔다. 천연 각성 효능도 있는 것으로 알려진 예르바 마테는 이곳만의 독특한

전통적인 음료이지만, 지금은 공산품의 형태로도 생산되어 전 세계 각국으로 널리 유통, 판매되고 있다.

아르헨티나에서는 이 예르바 마테를 음료로 많이 마시지만 전통적인 홍차도 매우 즐겨 마신다. 이러한 배경으로 아르헨티나는 오늘날 세계 9위의 생산량을 자랑하는 주요 티 생산국이 되었다. 아르헨티나에서는 차나무를 대부분 미시오네스Misiones 주와 코리엔테스Corrientes 주 북동부에서 재배한다. 기온이 높고 습하며 평야 지대인 이 지역에서는 차나무의 재배와 수확, 그리고 티 가공이 고도로 기계화되어 있다. 아르헨티나에서 티는 국내에서 소비하는 양보다 해외로 수출하는 양이 훨씬 더 많으며, 그중 대부분은 미국으로 수출되어 아이스티의 재료로 사용되고 있다.

☕ 티 한 잔의 이야기

아르헨티나에서는 예르바 마테가 가우초gaucho(카우보이)들에게는 '야채 음료'로, 원주민들에게는 가뭄과 기근으로부터 견디게 해 주는 '신의 음료'로 불린다.

예르바 마테 우리는 방법

1 크고 둥근 사발(가능하면 진짜 조롱박)에 말린 예르바 마테 잎을 3분의 2 정도 채운다.

2 약간 찬물을 잎을 적실 정도로만 붓는다. 잎을 보호하기 위한 것이다.

3 뜨거운 물을 둥근 사발에 붓고 식을 때까지 기다린다.

4 잎이 사발 바닥에 가라앉을 때까지 기다린다. 빨대를 서로 나눠 갖는다. 전통적으로 조롱박을 사용할 경우에는 봄빌라bombila라는 빨대같이 생긴 필터도 함께 준비된다.

5 전통적으로 마테를 준비하는 사람을 세바도르cebador라고 한다. 이 세바도르는 마테를 가장 먼저 마셔 본 뒤 뜨거운 물을 다시 부어 반시계 방향으로 사람들에게 나누어 준다. 모든 사람들이 한 번씩 다 마시고 나면, 세바도르는 조롱박에 다시 물을 부어 처음부터 다시 건넨다.

6 마테를 충분히 마신 사람은 세바도르에게 감사의 뜻과 함께 그만 마시겠다는 의사를 표시한다. 이와 같은 의사 표시는 마테를 충분히 다 마신 후에 반드시 이야기해야 한다!

예르바 마테는 사교적인 모임에서 주로 마시지만, 일본 맛차와 같이 혼자 있는 경우에도 마신다 (112페이지 참조). 아르헨티나와 우루과이에서는 마테를 마실 용도로 보온병이나 텀블러나 조롱박을 지닌 학생들을 흔히 볼 수 있다!

칠레

칠레는 남아메리카에서도 유일하게 티 소비 국으로 인정을 받는 나라이다. 1인당 연간 티 소비량도 세계 20위 내의 상위권이다(17페이지 참조). 19세기에 칠레에 정착한 한 영국인으로부터 독특한 티타임의 전통이 시작되었는데, 칠레 현지어로 온세onces라고 하는 이 티타임은 오늘날 칠레의 음식 문화에 굳게 뿌리를 내리고 있다. 당시 영국인이 고용한 광부들은 오후가 되면 쉬면서 곧잘 티를 마시고는 했는데, 이때 아과르디엔테aguardiente(중남미의 대표적인 증류주)도 한 잔 정도 곁들여 마셨다(탄광 안에서 일하며 술을 어떻게 마셨는지는 모르겠다!). 광부들은 티와 술을 마시는 사실을 숨기기 위해 티타임을 온세라고 불렀지만, 결국에는 발각되었다. 오늘날 칠레에서 온세는 과거의 인기에 못지않게 유명하다. 오후 5시에서 8시 사이면 언제든지 온세를 제공받을 수 있으며, 케이크, 쿠키, 팬케이크, 잼, 과일 등 다양한 간식거리도 함께 나온다. 물론 사랑스러운 홍차 한 잔을 입가심으로 마실 수도 있다.

브라질

브라질은 커피 문화로 매우 유명한 나라이다. 티를 사랑하는 사람이라면 과연 그곳에서 무엇을 할 수 있을까? 사실상 브라질의 티 문화는 아마존 유역의 토착민들이 식물과 약초를 우려내 먹었던 데서 비롯되었으며, 포르투갈의 식민지 시대를 지나 오늘에 이르면서 발전을 계속해 왔다. 지난 5년간에는 전문 티 숍들이 상파울루 시를 중심으로 곳곳에 생겨나면서 지금은 녹차, 백차, 과일과 꽃이 가향 · 가미된 신선하면서도 독특한 트로피컬 티도 주문할 수 있을 정도로 변화하였다. 몇 군데 들러 티를 마셔 본 결과, 브라질 사람들은 티에 우유를 거의 넣지 않고 마셨다. 밀크 티를 마시고 싶다면 우유를 따로 주문해야 한다. 브라질의 태양 아래에서 경관이 훌륭한 곳에 앉아 밀크 티를 마셔 보는 것도 좋다.

카페 델 푸엔테
CAFE DEL PUENTE
ERNESTO RIQUELME 1180 B, BARRIO PALAFITOS DE GAMBOA, CASTRO 5700315
WWW.MIPALAFITOAPART.CL

이 고풍스러운 칠레식 티 하우스는 브라질 남부의 도시 카스트루Castro의 유명한 팔라피토스palafitos(수상 목조 주택) 중 한 곳에 자리를 잡고 있다. 강수면 위로 펼쳐지는 멋진 경관과 함께 이곳에서 제공되는 훌륭한 잎차와 케이크는 단연 으뜸이다. 아침 식사를 즐기기에 꿈의 장소로 회자되며, 칠레에 있다면 이곳에 꼭 들러 매력적이고도 친근한 분위기를 즐겨 보기를 바란다.

라반다 카사 데 테
LAVANDA CASA DE TE
QUEBRADA HONDA, FUNDO SANTA MARTA, FRUTILLAR
WWW.LAVANDACASADETE.COM

칠레 라반다 카사 데 테(라벤더 티 하우스라는 뜻)의 아름다움에 대해서는 '라벤더의 지상 천국'이라고 밖에 달리 표현할 길이 없을 것 같다. 이곳 티 하우스는 광활한 라벤더 꽃밭에 자리하고 있어, 절묘한 경관과 함께 전 세계의 고품격 티를 제공한다. 차분한 분위기 속에서 절경을 만끽하며 티 한 잔을 마시고 싶다면 이곳 어른들을 위한 인형의 집에서 티를 마셔 볼 것을 강력히 권한다! 이곳은 놀라울 정도로 인기가 많아 방문하려면 반드시 미리 예약해야 한다.

아마란타 티 하우스
AMARANTA TEA HOUSE
AVENIDA CRISTOBAL COLON 822 B, PUNTA ARENAS 6200629
WWW.TEAMARANTA.CL

칠레 푼타아레나스에 위치한 아늑하고 차분한 분위기의 이곳 티 하우스에서는 장인들이 정성껏 만든 다양한 티와 먹음직스러운 케이크, 페이스트리 세트를 제공한다. 이곳에서는 바쁜 일상에서 벗어나 '혼자만의 시간'을 즐길 수 있다. 초콜릿 티를 비롯해 독특한 티 블렌드도 만나 볼 수 있다. 이곳에서는 정말 마음의 짐을 풀고 마음껏 여행을 즐길 수 있다!

알베아르 팔라스 호텔
ALVEAR PALACE HOTEL
AVENIDA ALVEAR 1891, 1129AAA BUENOS AIRES
WWW.ALVEARPALACE.COM

아르헨티나 부에노스아이레스에서는 지금도 오후 5시가 되면 하이 티high tea를 즐기면서 시간을 보낸다. 이곳 사람들은 이 풍습에 일종의 자부심을 갖고 있으며, 도시의 여러 고급 호텔에서는 어김없이 하이 티 서비스를 제공한다. 알베아르 팔라스 호텔 내에 위치한 엘오랑제리에L'Orangerie 레스토랑은 매우 특별한

애프터눈 티를 제공하는데, 경탄할 만한 티와 페이스트리 실렉션을 선사한다. 이 호텔만의 정수를 느낄 수 있는 독특한 티 블렌드도 마셔 보기를 강력히 권한다!

테알로소피
TEALOSOPHY
GORRITI 4865, BUENOS AIRES
WWW.TEALOSOPHY.COM

티를 사랑하는 사람이라면 누구나 영국의 전통 캔디 가게와 경쟁할 수 있는 작은 티 숍을 열어 보려고 꿈을 꾼다. 이곳은 바닥에서 천장까지 벽에 엄청난 종류의 티가 수많은 티 캔 속에 담겨 가득히 진열되어 있다. 문을 열고 가게로 들어서는 순간 티의 향내가 진동을 하고, 전문 지식을 갖춘 직원이 조용히 다가와 오직 당신만을 위한 티 블렌드를 선택할 수 있도록 도움을 준다. 티 애호가라면 당연히 가 보아야 할 곳이다!

티 커넥션
TEA CONNECTION
ALAMEDA LORENA 1271, SAO PAULO
WWW.TEACONNECTION.COM.BR

아르헨티나의 티 하우스 프랜차이즈 업체가 브라질, 멕시코, 칠레에 분점을 낸 것이다. 2010년에 브라질의 상파울루에 첫 분점을 연 뒤, 멕시코와 칠레에도 각각 분점을 열어 지금은 매우 다양한 티 블렌드와 계절에 따른 신선하고도 안전한 식품들을 제공하고 있다. 티를 얼마나 우려내야 할지 잘 모른다면 찻주전자와 함께 나오는 크로노미터를 사용하면 도움이 된다. 티를 우리는 시간을 정확히 알 수 있기 때문이다. 매우 과학적이다!

구르메 티
THE GOURMET TEA
RUA MATEUS GROU 89, SAO PAULO
WWW.THEGOURMETTEA.COM.BR

이 브라질풍의 티 숍에 들어서면 매우 색다른 광경이 눈앞에 펼쳐진다. 다채로운 색상으로 펼쳐진 패널과 함께 거의 모든 종류의 보물과도 같은 티들이 모습을 선보이면서 매우 독특한 인상을 준다. 티는 매우 깜찍하면서도 화려한 색상의 캔 속에 들어 있다. 티 메뉴에서 오거닉 티나 프레시 티를 선택하여 부엌에서 직접 구워 내는 빵이나 파스타와 함께 즐길 수 있다.

오스트레일리아

차나무의 개척적인 재배, 남반구 대륙의 역사와 지리적 여건이 반영된 세계주의적인 티 문화, 뉴질랜드인이 티를 급속히 우리기 위해 개발한 작지만 훌륭한 발명품인 서메트thermette. 이를 통해서는 티의 세계에서 오스트레일리아가 차지하는 비중을 어느 정도 엿볼 수 있다. 오스트레일리아의 원주민들은 외부인이 대륙을 발견하기 오래전부터 이미 티 트리ti tree라는 식물로부터 잎을 따서 우려내 마셨다. 그러나 오늘날 우리가 알고 있는 카멜리아 시넨시스 종(90페이지 참조)의 티는 영국인들이 오스트레일리아에 처음으로 들여온 것이다. 1787년 5월에 영국 남부의 포츠머스 항구를 출발하여 1788년에 보터니만에 상륙한 11척의 선단인 퍼스트 플리트First Fleet에는 1000명 이상의 죄수들과 함께 티도 실려 있었다.

오스트레일리아는 비록 조그만 티 생산국어 불과하지만, 차나무의 재배 역사에는 국가적인 개척 정신이 고스란히 반영되어 있다. 1880년대 후반에는 4명의 커튼Cutten 형제가 퀸즐랜드 북부의 열대 지역인 빈길만Bingil Bay에 티, 향신료, 코코넛, 커피를 비롯해 그 밖의 다양한 열대성 작물들을 재배하였다. 이들은 수많은 시련과 고난 속에서도 차나무의 재배 산업을 일으키려는 시도에 나섰지만, 안타깝게도 1918년에 그 지역에 닥쳤던 대형 사이클론과 해일로 인해 모든 작물들이 파괴되었다. 이로 인해 남반구에서는 차나무의 재배가 종말을

고할 수도 있었지만, 1958년에 인도 출신의 이민자였던 앨런 매러프Allan Maruff 박사가 이 지역에 차나무의 묘목을 다시 심기 시작하면서 처음으로 상업적인 재배에 성공하였다. 매러프 박사는 초창기에 커튼 형제가 재배에 나섰던 차나무들을 발견하였는데, 이 차나무는 오늘날 높이가 15m에 이른다. 매러프 박사 또한 수많은 어려움에 처하였는데, 특히 찻잎을 수확하는 노동자들을 구할 수 없다는 것이 가장 큰 문제였다. 이 문제를 해결하기 위해 매러프 박사와 기술 팀은 찻잎을 수확할 수 있는 기계 장비도 개발하였다. 이 밖에 티 가공 공장을 오스트레일리아에서는 최초로 건립하였지만, 티의 인기가 그리 많지 않아 상업적으로 성공을 거두지 못하였고, 결국에는 가공 공장도 문을 닫았다. 이후 세월이 지나면서 새로운 투자자들이 몰려들기 시작해 티 산업도 마침내 번창하기에 이르렀다. 오늘날 이 지역에서 차나무를 재배하는 면적은 405헥타르 이상이며, 연간 생산량이 1500톤에 이르는 홍차는 오스트레일리아 전역에서 소비되고 있다.

뉴사우스웨일스 주의 일부 지역에서도 차나무가 재배되고 있다. 1978년에 차나무의 재배에 3세대라 할 수 있는 스리랑카 출신의 마이클 그란트 쿡Michael Grant-Cook이 차나무의 재배지로 인도의 아삼 지역과 기후 조건과 지리적 환경이 비슷한 트위드 밸리Tweed Valley 지역을 선택하였다. 그의 예상은 적중하여 이곳에서의 티 생산은 점점 더 번창하였고, 1980년대 후반에는 오스트레일리아에서 최초로 녹차까지 생산하였다. 빅토리아 주의 북부인 타웡가Tawonga 지역인 그림과도 같이 아름다운 키와 밸리Kiewa Valley의 상류 지역에서는 일본식 센차(110페이지 참조)도 생산한다.

오늘날 오스트레일리아의 티 시장은 사회의 세계주의적인 특성을 그대로 반영하고 있다. 우유를 넣어 마시는 영국식의 전통 홍차는 지금도 여전히 소비의 대부분을 차지하지만, 아시아의 영향을 받아 녹차의 소비도 늘고 있다. 더욱이 멜버른 등의 주요 도시에서는 허브티 또한 커피 바를 중심으로 소비가 크게 늘고 있는 추세이다.

☕ 티 한 잔의 이야기

빌리 티Billy tea는 가벼운 조리 기구인 빌리 캔Billy can에 티를 우려내 마실 때 쓰는 용어이다. 왈칭 마틸다Waltzing Matilda로 유명한 불운의 뜨내기 노동자로 인해 빌리 티의 인기도 한층 더 높아졌다. '빌리에 불을 붙여라(Billy up the fire)'라는 표현은 '주전자에 불을 지펴라'는 뜻이다.

◀ 끓고 있는 빌리 티.

▲ 전형적인 서메트의 모습.

뉴질랜드

1800년대 후반으로 거슬러 올라가면, 뉴질 랜드는 세계 어느 나라보다 1인당 연간 티 소 비량이 가장 많았다. 티를 마시는 문화는 한 중국인이 물개 가죽을 티와 물물교환한 데 서 유래되었다. 대영제국의 영향력이 커지면 서 인도와 스리랑카에서 차나무의 재배도 점 점 더 늘어났는데, 뉴질랜드는 주로 이들 국 가로부터 티를 수입하였다. 티 문화는 영국 과 동일한 방법으로 발전하였는데, 티 가든 과 금주 운동 역시 뉴질랜드에서 매우 중요 한 역할을 하였다.

이와 같은 강한 티 문화는 뉴질랜드의 문화적 인 아이콘 중 하나인 서메트의 발명으로 이어 졌다. 1929년에 존 하트John Hart가 발명한 서 메트는 야외에서 쉽게 구할 수 있는 잔가지나 가연성 재료를 불쏘시개로 활용해 찻잔 12잔 분량의 물을 단 5분 만에 끓일 수 있는 휴대용 보일러이다. 하트는 바람이 강할수록 보일 러 내 하단의 불을 지피는 곳에서 원뿔 모양 의 굴뚝으로 공기가 더 빨리 주입되기 때문에 '바람이 강할수록 더 빨리 끓는다!'를 슬로 건으로 내세웠다. 공기가 빨려 올라가면서

불이 붙고, 이때 발생한 열이 서메트 하단과 내부의 굴뚝을 에워싸는 공기를 데우면서 열 손실도 거의 발생하지 않는다. 이것이 서메 트가 효율적인 이유이다. 또한 서메트는 제2 차 세계 대전에 '벵가지 보일러Benghazi boiler' 로 알려지면서 뉴질랜드 군인들에게 큰 인기 를 끌었다. 서메트는 비록 전 세계적으로 확 산되지는 못했지만, 오늘날 뉴질랜드에서는 군대에서뿐만 아니라 티를 마시려는 일반 사 람들에게도 큰 사랑을 받고 있어 지금도 생산 과 판매가 이루어지고 있다.

티의 역사

사진 : 레몬그라스와 진저를 블렌딩한 허브티.

티 **타임**라인

티는 물 다음으로 자주 마시는 음료로 세계적인 명성을 자랑하고 있다. 티의 역사에는 혁명, 전쟁, 정치적 음모, 주요 무역 항로의 건설, 대기업 등이 관련되어 있어 티를 마시는 수많은 나라들의 역사와 사회 속에서도 매우 큰 비중을 차지하고 있다. 그렇다면 티 문화는 과연 어떻게 형성되었을까?

전설의 시작

티가 전설이 있는 음료라면, 티의 기원에 대한 이야기는 그 전설로부터 시작하는 것이 옳을 것이다. 실제로도 티의 전설은 존재한다. 기원전 2737년에 중국의 황제이면서 약초학자였던 신농神農이 솥에 물을 끓이고 있었는데, 우연히 카멜리아 시넨시스 종의 찻잎이 떨어졌다. 신농이 마침 그 찻잎이 우러난 물을 마시고 깊은 인상을 받으면서 처음 발견된 티는 이후 중국 문화에서도 중요 상품으로 급속히 부상하였다. 수 세기에 걸쳐 차나무의 재배와 티에 관한 무역은 점점 더 성장하였고, 티의 준비와 소비에 관련한 수많은 의식들을 통해서도 직접 확인할 수 있듯이, 티는 오늘날 중국의 문화에서 매우 중요한 자리를 차지하고 있다. 8세기경에는 육우陸羽, Lu Yu, 733~804라는 사람이 티에 관한 책을 처음으로 냈는데, 제목이 『다경(茶經)』(Ch'a Ching)이었다. 영어로 번역하면, '티의 경전'이라는 뜻의 다소 단순한 이름이었다. 이 무렵에 중국에서 유학 중이던 일본인 승려가 고국으로 차나무를 가져가면서 또 다른 거대한 티 문화가 형성되었는데, 그 문화는 지금까지도 일본에서 계승되고 있다.

700 AD

2737 BC

🍵 티 한 잔의 이야기

육우가 8세기에 저술한 『다경』에서는 티를 우리는 데는 모두 24단계의 과정을 밟아야 한다'고 기록되어 있다. 당시에는 주전자나 머그잔이 없었다는 점을 고려하면 그럴 법도 하다!

유럽의 티 무역

17세기 초반까지도 유럽인들은 티에 대해 잘 몰랐다. 초기 포르투갈 상인들이 아시아에서 유럽으로 홍차를 들여온 것이 티 무역의 시초일 것으로 추정되며, 그 후 티는 궁정을 들락거리는 사람들이나 맛볼 수 있는 음료가 되었다. 그러다 티는 네덜란드인들이 1606년 인도네시아 자바의 전초 기지에서 상업적으로 수입한 것을 시작으로 서유럽의 수많은 국가들 사이로 거래가 확산되었다.

1606

1658

영국으로 건너간 티

영국에는 티가 다소 늦게 유입되었다. 1658년에 런던에서 발행되던 신문인 <머큐리어스 팔리티커스Mercurius Politicus>에 게재된 "런던의 커피 하우스에서 '중국 음료'를 판매하고 있다."는 내용의 기사가 티에 대한 첫 기록이다. 그 당시에 티는 잘 알려져 있지 않았고, 커피 하우스의 메뉴에서도 매우 진귀한 음료로 인식되었다(일부 커피 바에서는 지금도 상황은 마찬가지이다!). 티가 수천 킬로미터를 거쳐 유럽에 당도했다는 사실을 고려하면 티가 비쌌던 것은 당연하며, 오직 귀족 계층만이 향유할 수 있었다.

포르투갈에서 일찍부터 티 중독자였던 캐서린Catherine of Braganza, 1638~1705이 1662년에 영국의 국왕 찰스 2세Charles II, 1630~1685와 결혼할 즈음에 이르러 영국에서도 티에 대한 인식이 일어났다. 캐서린이 고국에서 티를 마시던 습관을 발전시키면서 영국 궁정에서도 티를 마시는 문화가 재빨리 퍼져 나갔다. 진정한 의미의 멋쟁이가 되려면 반드시 티를 마셔야 했던 시대이다! 찰스 2세가 영국의 동인도 회사에 '동인도' 지역의 무역에 관한 독점권을 부여하였던 것도 이 시대였다. 훗날 영국의 동인도 회사는 차나무의 재배와 무역에서 막강한 영향력을 행사하게 된다. 또한 찰스 2세는 당시 봄베이(현재의 뭄바이)를 동인도 회사에 선물로 하사하였다. 오늘날까지도 뭄바이는 티의 세계에서 매우 중요한 역할을 수행하고 있는 도시이다.

러시아의 카라반들

서유럽으로 유입된 티의 대부분은 상선으로 운송되었지만 러시아의
경우에는 조금 다르다. 다시 말하지만, 러시아에서 티가 거래되기 시
작한 것은 17세기 후반으로 1만 7720km에 달하는 무역로인 실크로
드Silk Road를 통해서였다. 카라반들이 최장 16개월에 이르는 대장정
속에서 최대 300마리의 낙타를 동원하여 티를 운송하였다. 러시아인
들이 '훈연 티smokey tea'를 선호하게 된 것은 실크로드를 통해 운송되
는 과정에서 모닥불에서 풍겼던 향내가 티에 물들었기 때문이라는 이
야기도 있다. 당시 러시아에서도 티는 유럽과 마찬가지로 가격이 너무
도 비싸 오직 부유한 계층의 사람들만이 마실 수 있었다.

🍵 티 한 잔의 이야기

1700년대에는 노동자 계층이 티를 마시는 것이 과
연 적절한지에 대한 논쟁도 일었다. 1758년에 줄간된
「티의 긍정적·부정적 효과에 대한 고려」라는 제목의
책자에서는 '티는 중상위 계층에게는 더할 나위 없이
좋지만, 열등한 하위 계층과 천한 능력을 지닌 사람들
에게는 전혀 맞지 않다'는 내용의 글이 게
재되었다. 정말 최악이 따로 없다. 물론
이 주장을 뒷받침할 만한 그 어떤 합
리적인 이유도 찾을 수 없다는 것은
두말할 필요도 없는 것이다. 매너도
필요 없고, 품위도 필요 없다. 그저
티는 우리 모두를 위한 것이다!

1689

과세, 밀수, 전쟁

티는 가격이 매우 비쌀 뿐 아니라 인기도 높다는 사
실을 알아차린 영국 정부는 티에 세금을 부과하여 돈
을 벌어들이겠다는 방침을 세우게 된다. 영국에서 처
음으로 티에 세금을 부과한 것은 1689년이었다. 수입
티에 매우 높은 세금이 부과되었지만, 티의 높은 인기
는 여전하여 결과적으로 암시장이 생겨났다. 티의 밀
수도 더욱더 성행하면서 결국에는 합법적으로 수입되
는 양보다 밀수량이 더 많아지기에 이르렀다. 이 결과
로 영국의 동인도 회사에서는 수익이 크게 줄어들었
을 뿐 아니라 티의 비축량도 늘어만 갔다. 이 문제를
해결하기 위해 영국 정부는 아메리카 식민지를 상대
로 한 티 무역의 독점권과 티에 대한 과세권을 포함하
여 모든 권한을 동인도 회사에 이양하였다. 간략히 줄
여서 말하면, 이 같은 결정으로 인해 아메리카 대륙에
서는 혁명의 열기가 불타올랐는데, 1773년 12월 16
일에는 급기야 과세에 거세게 저항하는 사람들이 영
국 동인도 회사 소유의 선박에 올라 티 박스들을 바다
로 내던져 버렸다. 이것이 티와 관련하여 가장 유명한
역사적 사건인 보스턴 티 사건이다. 이 사건을 야기한
소동은 긍극적으로 미국의 독립 전쟁과 1776년 7월
의 독립선언으로 이어졌다.

부정한 사업, 정치, 티의 대량 생산

19세기에 들어와서는 수많은 끔찍한 사건들이 계속해서 발생하였다. 그중 일부는 티와 관련되어 있었으며, 그 대부분은 동인도 회사와 관련된 일이었다. 그 내용을 다 훑어보는 일은 웬만한 대학 과정의 수준이겠지만, 본질적으로는 동인도 회사가 세금에 대한 탐욕을 부린 것으로 정리할 수 있다. 당시 동인도 회사는 중국에서 티를 막대한 양으로 수입하였지만, 수입 대금을 당시의 화폐였던 은으로 지불하는 대신에 현물인 아편으로 지불하였다. 이 일로 1840년에는 중국과의 제1차 아편 전쟁이 발발하였다. 중국과의 무역 규모가 점차 줄어들면서 동인도 회사는 마음대로 권력을 휘두를 수 있었던 당시 영국의 식민지인 인도에서 차나무를 직접 재배하였다. 사실 그 권력이 과도하여 영국 정부도 점차 통제에 나서야 할 정도였다. 그러나 차나무의 재배에 관한 기술과 유산들은 넓은 재배지와 함께 당시 인도와 스리랑카에 진출해 있던 스코틀랜드 기업과 영국 기업들이 대부분 소유하고 있었다. 오늘날까지도 아삼, 다르질링, 남인도, 스리랑카 지역에서 차나무를 재배하는 다원이 존재하는 것은 모두 그러한 초기 다원 노동자들의 개척 정신과 고된 노동, 그리고 끈기 덕분이다. 또한 이들이 있었기에 전 세계적으로 증가한 티의 소비도 충당할 수 있었다. 오늘날 영국에서는 티에 세금을 매우 낮게 부과하여 소비를 확산시켜 상류층뿐 아니라 온 국민이 티를 마실 수 있도록 하고 있다.

티백의 인기

20세기로 들어와서는 티의 소비가 전 세계에서 지속적으로 성장하였다. 립톤Lipton, 라이온스Lyons, 브룩크 본드Brooke Bond와 같은 주요 기업에서는 여러 나라에 티 브랜드와 티 숍을 론칭하고 있다. 1908년경에 미국에서 티백을 우연히 발명하여 티를 보다 더 쉽고 깔끔하게 마실 수 있게 되면서 티의 인기도 덩달아 높아졌다. 뉴욕의 티 상인이었던 토머스 설리번Thomas Sullivan은 작은 실크 티백에 그의 티를 담아 고객에게 보냈다. 그런데 고객이 실제로 티만을 우리는 데 사용하지 않고 티백을 통째로 우리는 잘못을 저지르면서 티백이 유래되었다. 여기에서 아이디어를 얻은 설리번은 백을 개선하여 결국에는 종이 티백을 관들었다. 제2차 세계대전이 종식되고 1950년대 이후에 이르러 테틀리Tetley에서 티백을 영국에 소개하였다. 처음에는 시장에서 불안정한 출발을 보였지만, 영국인들은 사용이 매우 간편한 티백을 점점 더 좋아하게 되었다. 잎차가 비록 여러 티 문화에서 여전히 큰 비중을 차지하고는 있지만, 티백도 오늘날 전 세계적으로 사용되고 있다. 오늘날에 티백은 그 인기를 더해 가고 있는데, 일부 업체에서는 티백을 종이 외의 다른 재료로 다양한 모양으로 개발하는 실험도 진행하고 있다.

21세기의 티

중국의 신농 황제가 물을 끓이던 솥에 찻잎이 우연히 떨어지면서 티 문화가 처음으로 발생한 이래로 4700여 년이라는 시간이 흘렀다. 그동안 커피, 맥주, 와인, 청량음료의 수많은 도전들이 있었지만 티는 아직도 건재하며, 오늘날의 현대 사회에서 중요한 역할을 하고 있다. 티의 인기가 식을 줄 모르면서 수 세기에 걸쳐 계승된 전통과 민속 문화의 허브티나 티잰에도 사용되어 지금은 더욱더 많은 사람들이 티의 향미를 다양하게 즐기고 있다. 티를 뜨겁게, 차갑게, 칵테일로, 또는 요리의 재료로 다양하게 활용하는 것이다. 또한 전 세계의 주요 도시를 중심으로 티 바가 증가하고 있으며, 티를 좋아하는 사람이라면 누구나 그곳에서 전 세계의 사람들과 연계된 티를 마시면서 즐길 수 있다.

☕ 티 한 잔의 이야기

정치적 소설인 『동물 농장』으로도 유명한 조지 오웰George Orwell, 1903~1950은 티를 완벽하게 우리는 방법에 대하여 11개의 골든 룰을 제시하였다.

티의 역사 한눈에 보기

기원전 2737년
중국의 신농 황제가 티를 발견하다.

8세기
중국의 육우, 티에 관한 최초의 책, 『다경』을 집필하다.

1607년
네덜란드의 상인이 아시아의 티를 처음으로 유럽에 소개하다.

1658년
런던의 도심지 내 한 커피 바에서 '중국 음료'를 판매했다는 내용이 게재된 신문 기사가 발견되다. 영국에서 티에 관한 첫 기록.

1662년
티 중독자였던 캐서린이 찰스 2세와 결혼한 뒤부터 영국 왕실 내에 티 문화가 확산되다.

1680~1690년대
실크로드를 통해 티가 러시아로 전파되다.

1689년
영국에서 처음으로 티에 세금을 부과하다.

1773년
보스턴 티 사건이 발생하다.

1784년
영국 정부가 티에 대한 과세율을 119%에서 12%로 급격히 낮춰 합법적인 티 판매 시장이 급성장하다.

1839~1842년
영국 동인도 회사의 부정한 사업으로 영국과 중국 간의 제1차 아편 전쟁이 발발하다.

1850년대
차나무의 재배지가 인도와 스리랑카로 확대되다.

1888년
영국이 인도에서 수입하는 티의 양이 중국에서 수입하는 티의 양을 처음으로 넘어서다.

1908년
토머스 설리번이 티백을 발명하다.

1980년대
일본의 기업 NASA/Fuso가 녹차 잎을 온전한 모양으로 담을 수 있는 피라미드 모양의 메시 백mesh bag을 발명하다.

2015년
티가 전 세계의 뜨거운 음료 중에서 으뜸을 차지하다.

사진 : 하얀 잔털로 뒤덮인 백차.

티란 정확히 무엇인가?

모든 티는 동백나무속의 카멜리아 시넨시스*Camellia sinensis* 종에 속하는 식물의 잎으로 만든다. 여기에 대해서는 나중에 루이보스와 허브티 등의 티잰에 대해 소개할 때 다시 논하기로 한다. 티는 아열대 기후의 상록수인 카멜리아 시넨시스라는 종의 차나무로부터 채취한 찻잎을 가공하여 만든다. 이 차나무는 다시 변종(이하 품종이라 한다)의 이름에 따라 크게 두 부류로 나뉜다. 중국에서 발견되는 시넨시스 품종*Camellia sinensis var. sinensis*과 인도의 아삼 지역에서 발견되는 아사미카 품종*Camellia sinensis var. assamica* 이다.

차나무의 이 두 품종은 다양한 티의 시발점에 불과하다. 티는 와인과 마찬가지로 지리적 여건과 개별 다원의 개량 품종(최대 1500개), 그리고 가공 과정에 따라 다양하게 분류되며, 이 모든 분류 조건이 티의 향미와 색상에 영향을 준다. 예를 들면, 히말라야 고원에서 재배된 고품질의 다르질링 홍차와 타이완 고유의 전통 산화법과 건조법으로 매우 특별한 향미를 지닌 동정우롱凍頂烏龍, Tung Ting wulong 등이 그러하다 (116페이지 참조).

모든 티는 차나무에서 새싹이나 잎을 따서 만드는데, 그 새싹이나 찻잎을 따서 가공하는 방식에 따라서 백차에서부터 흑차인 보이차에 이르기까지 믿기 어려울 정도로 다양한 티들이 만들어진다. 하나의 식물에서 고유한 맛과 향을 지닌 다양한 티들이 생산된다는 점은 매우 흥미롭지 않은가? 티의 향미는 지역, 토양, 해발고도, 기후 특성 등의 재배 환경에 따라 달라진다(92, 94페이지 참조).

찻잎을 딴 뒤 가공하는 방식에 따라서 티의 최종 향미도 달라진다. 티의 향미를 상세히 기술하는 용어들에 대해 참조하기 바란다(122~123페이지 참조).

좋은 티는 재배 과정에서 차나무의 충분한 보살핌이 이루어지고, 찻잎이 정교하게 가공된 웰메이드 티이다. 일반적으로 다원에서는 '괜찮은' 티를 대량으로 생산할 것인지, 최고 품질의 티를 소량으로 생산할 것인지 선택해야 한다. 후자를 선택한다면, 최상품의 찻잎(차나무의 가지 끝에 돋은 가장 싱그러운 새싹)만 따서 잎이 훼손되지 않도록 매우 정교하게 가공해야 한다. 여기에 대한 자세한 내용은 찻잎의 여행(98~103페이지 참조)에서 다시 살펴보기로 한다.

카멜리아 시넨시스 종 시넨시스 품종
Camellia sinensis var. sinensis

재배 환경 춥고 가파른 산지(해발고도 최대 2600m).

가공 티 작고 섬세한 찻잎으로 대부분 녹차나 백차, 그리고 다르질링 홍차를 만든다.

원산지 중국.

높이 보통 1.5m이고, 자연 상태에서는 4.5m까지 자란다.

잎 크기 5cm.

수확기 산비탈을 따라 자라기 때문에 사계절 중 봄과 여름에 수확.

수확 횟수 연간 5회.

카멜리아 시넨시스 종 아사미카 품종
Camellia sinensis var. assamica

재배 환경 강우량이 많고 온난한 평야 지대.

가공 티 소규모의다원에서나 인도나 중국과 같은 곳에 있는 대규모의재배지에서자란 크고거친잎으로는 주로 홍차를 만든다.

원산지 인도의 아삼 주.

높이 18m.

잎 크기 20cm.

수확기 사계절.

수확 횟수 8~12일마다.

인도 다르질링의 한 다원에서
찻잎을 따는 여인의 뒷모습.

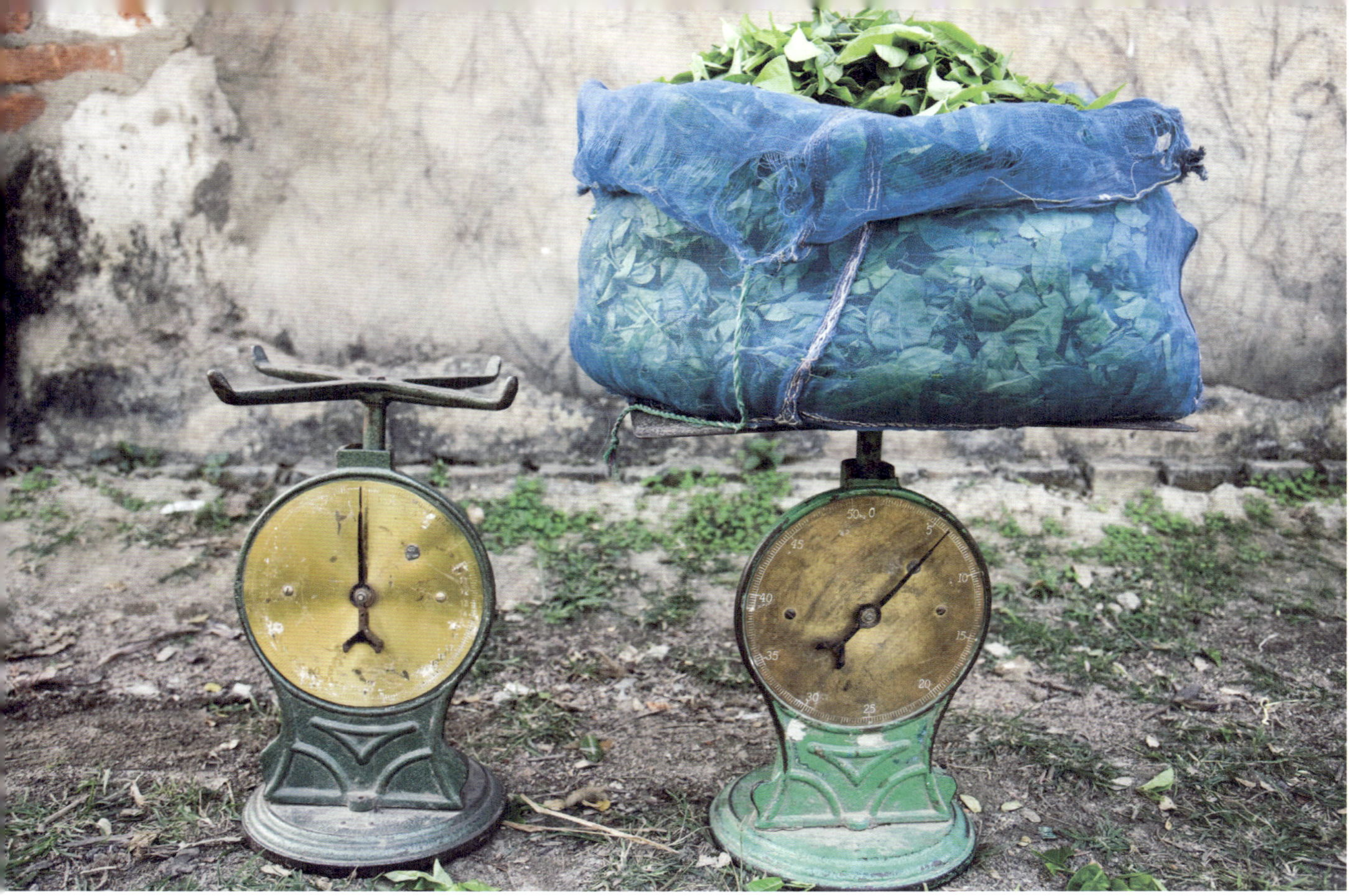

차나무의 재배 기술

수백 년간 차나무를 재배하고 수확하면서 차나무의 관목을 배열하고 찻잎을 따는 기술은 거의 예술로까지 발전하였다. 예를 들면, 모든 차나무의 관목은 꺾꽂잇법을 통해 클론 형태로 자라며, 이 클론은 별도의 모밭에서 보통 6~8개월 정도 따로 키웠다가 옮겨 심는다. 어린 묘목은 앞뒤로 1.5m 간격으로 심으며, 양옆 줄은 1m 정도의 간격을 둔다. 고산 지대에서는 지형의 등고선을 따라 열을 맞추어 심거나 토양이 침식되는 것을 막기 위해 계단식 밭을 따라 심기도 한다. 차나무의 묘목이 높이 1m 정도까지 자라면 찻잎을 따기 쉽도록 그 높이를 일정하게 유지한다.

차나무 관목은 부채꼴 모양으로 자라며, 상부의 편평한 면은 찻잎을 따는 부분으로 '플러킹 테이블plucking table'이라고 한다. 관목의 크기가 1×1.5m 정도에 이르면 찻잎을 따기도 한결 더 수월해진다. 차나무가 이와 같은 모양을 이루고 수확에 나설 수 있기까지는 보통 3~5년이 걸린다. 이때부터 찻잎으로 티를 만들 수 있는 것이다. 아사미카 품종은 자연 상태에서는 18m 높이까지 자라 다루기가 한층 더 어렵다. 보통 높이 50cm로 자라면 본줄기를 잘라 가지가 자라는 방향을 아래로 늘어뜨린다.

차나무 관목이 다 자라서 찻잎을 따는 플러킹 테이블을 형성하면 찻잎을 주기적으로 수확할 수 있다. 찻잎을 수확할 경우에는 플러킹 테이블의 가지 맨 윗부분에 있는 새싹 한 잎과 여린 두 잎, 즉 일아이엽一芽二葉의 방식으로 채엽한다. 찻잎을 수확하는 주기는 지형, 해발 고도, 기온 등 환경의 조건에 따라 달라질 수 있다. 일반적으로 아사미카 품종은 7~14일의 주기로 찻잎을 손으로 직접 딴다. 비가 많이 오는 성수기에는 2~3일 만에 따기도 한다. 반면 시넨시스 품종은 성장이 느리고 재배지의 영향도 일부 받아 더욱더 섬세하여 관리에는

더 많은 주의가 요구된다. 수확도 차나무가 성장하는 시기에 4~5회에 걸쳐 이루어진다. 찻잎을 수확하는 시기는 차나무의 품종과 날씨, 지형적인 조건(94, 96페이지 참조)에 따라 다르다. 일부 재배 지역에서는 추운 겨울이나 무더운 여름에 수확하기도 하고, 또 적도 부근에서는 새싹들의 성장이 촉진되는 비가 오는 시기에 맞춰 수확하기도 한다.

차나무를 재배하는 완벽한 조건

차나무의 재배지

자연 상태에서 차나무는 기후가 온난하면서 연간 강수량이 1000mm 이상인 지역에서 가장 잘 자란다. 일반적으로 북회귀선과 남회귀선 사이에 해당하는 지역이다. 차나무는 또 약산성을 띠며, 층이 두껍고, 배수가 잘 일어나는 토양에서 잘 자란다. 이와 같은 환경 조건을 갖추었다면, 차나무는 해수면 고도에서부터 해발고도 2600m에 이르기까지 그 어느 곳에서도 잘 자란다. 실제로 차나무가 스리랑카의 해안가에서도, 인도 문나르Munar 일대의 콜루쿠말라이Kolukkumalai 에서도 잘 자라는 것을 직접 목격할 수도 있다. 특히 문나르 일대는 해발고도가 2484m로 세계에서 가장 높은 차나무의 재배지이다.

▲ 인도 아삼 지역의 다원에서 비가 내려 한 여성이 찻잎을 따다 말고 우산을 쓴 채로 휴식을 취하고 있다.

차나무의 재배에서 큰 비중을 차지하는 곳은 중국, 인도, 케냐, 스리랑카이며, 그 다음으로 베트남, 터키, 인도네시아, 이란이 뒤를 잇고 있다. 이외에도 기후와 조건만 맞으면 차나무는 그 어느 곳에서도 잘 자랄 수 있다.

티 전문가로서 차나무의 재배지로는 잘 알려져 있지 않은 재미있는 '출장지의 목록'을 작성해야 한다면, 가장 먼저 하와이 주부터 들 수 있다. 미국에서는 미시시피 주, 워싱턴 주, 사우스캐롤라이나 주 등의 다른 지역에서도 차나무를 재배하고 있지만, 하와이 주와는 그 상황이 약간 다르다. 하와이에는 열대 우림의 다원을 포함하여 성공적으로 자리를 잡은 다원들이 매우 많다. 열대 우림의 다원은 열대 숲의 그늘진 지역과 화산암 지대(107페이지 참조)에서 차나무의 관목들이 자라고 있다. 다음으로는 아프리카 대륙 동쪽의 조그만 도서 국가인 모리셔스Mauritius를 들 수 있는데, 이곳은 세계에서도 가장 작은 티 생산지 중의 한 곳으로 1892년부터 티를 생산하고 있다. 영국 남서부의 주인 콘월Cornwall은 가장 새로운 재배지 중의 한 곳으로 미기후로 인하여 지난 2000년부터 차나무를 재배하고 있다. 에콰도르의 안데스 산맥 해발고도 914m인 지대에서는 1960년대부터 차나무를 재배하고 있는데, 특히 상가이산Mt. Sangay 일대를 중심으로 홍차를 생산하고 있다. 중국 또한 세계 1위의 티 생산국으로 연간 티 생산량이 2013년 기준으로 192만 4457톤을 기록하고 있다. 덧붙여 인도는 티 생산량이 세계 2위로 120만 8780톤을 기록하고 있다.

> "어떤 부류의 사람들은 먼지를 뒤집어쓰는 일도 마다하지 않고 물건들을 정리한다. 이들은 새벽에 커피를 마시고, 고된 노동이 끝나면 맥주를 마신다. 이들 덕분에 깨끗한 생활을 유지하는 또 다른 부류의 사람들은 그들의 노고에 깊이 감사해야 한다. 이들은 아침에 우유를 마시고, 밤에 주스를 마신다. 이 두 부류의 사람들은 모두 티를 마신다."
>
> 개리 스나이더Gary Snyder/미국 시인

☕ 티 한 잔의 이야기

중국에서는 연간 5500억 잔의 티를 마시는데, 그 물의 양은 올림픽 수영 경기장 23만 6588개분에 해당한다.

▲ 미얀마의 페인 네 빈Pein Ne Bin 마을에서 찻잎을 말리고 있는 여인.

차나무의 재배인

커피 농장에 대해서는 많이 들어 보았을 것이다. 그러나 전 세계에서는 차나무도 많이 재배되고 있는데, 그러한 차나무들은 오늘날 재배 지구와 농장에서 많이 재배되고 있다. 재배 지구estate와 농장small holding은 주로 규모에 따라 나뉜다.

농장은 개인이 땅을 0.5헥타르에서 수 헥타르의 소규모로 소유하면서 운영하는 것으로 보통 '다원tea garden'(124페이지 참조)이라고 한다. 1헥타르가 1만 제곱미터라는 사실을 알면 규모에 대한 감을 어느 정도 잡을 수 있다. 차나무를 농장에서 재배하는 지역에서는 농장주들을 중심으로 티 협동 조합이 결성되어 있어 가공 설비나 공장 등을 갖추고 있다.

농장주들이 찻잎을 수확하여 공장에 팔면, 그 공장에서 가공 과정을 진행하는 방식이다. 반면 차나무의 재배 지구는 완전한 자족 단위로서 그 규모가 수백 헥타르에 이른다. 자체 내에 가공 공장뿐만 아니라 차나무를 재배하는 토지, 학교, 병원, 기숙사, 정원, 예배당, 저수지, 게스트하우스 등도 시설되어 있다(126페이지, 해피 밸리 재배 지구 참조).

차나무의 재배 지구에서는 종종 소규모의 농장으로부터 싱싱한 찻잎을 사들이기도 한다. 따라서 차나무가 자라는 지역에서는 여분의 땅을 가진 일부 사람들이 찻잎을 수확하여 그 지역의 재배 지구에 판매할 수도 있다. 이것은 매우 일반화된 관행이다. 농촌 사회에서 차나무의 재배 지구가 지닌 역할은 결코 과소평가할 수 없다. 차나무를 재배하는 지역은 보통 한적하여 사회적인 기반 시설이 부족한 경우가 많기 때문이다. 즉 차나무의 재배는 지역민들에게 생계 수단과 교육과 의료 서비스를 제공하여 그 지역의 발전에 중심적인 역할을 한다고 할 수 있다. 티 생산량이 큰 나라에서는 대규모의 재배 지구 그룹들이 아래에 여러 재배 지구들을 두고 관리하고 있다. 맥러드 러셀 그룹Mcleod Russell Group은 인도, 베트남, 르완다, 우간다에서 각기 차나무의 재배 지구를 소유하고 있는데, 오늘날 연간 티 총 생산량은 약 10만 톤에 이른다.

연간 티 생산량 상위 20개국

192.44
1. 중국(본토)

120.87
2. 인도

43.24
3. 케냐

34.02
4. 스리랑카

세계 최대의 티 생산국은 어디일까? 당연히 역사적으로 티를 처음 발견한 중국이다.
이 사실은 '중국의 모든 티를 줄지라도(for all the tea in China)'라는 표현에 고스란히 담겨 있다.
우리들이 즐겨 마시는 수많은 티 음료를 생산하는 중국에 그저 경의를 표할 뿐이다!

자료 출처 : FAOSTAT 2013년도 통계 기준(단위 : 1만 톤)

찻잎의 긴 여정

티에 관한 가장 놀라운 사실은 모든 종류의 티들이 단일 품종의 식물로부터 생산된다는 것이다. 초록의 싱그러운 찻잎은 전세계의 크고 작은 공장에서 티 전문가의 손길을 거쳐 우리가 실제로 마시는 최종 상품의 티로 태어난다. 지금부터는 초록빛으로 싱그러움을 안겨 주는 조그만 찻잎이 당신의 찻잔에 담기기까지의 긴 여정을 살펴본다.

채엽 採葉, picking

찻잎을 따는 채엽 과정은 일반적으로 가장 중요한 단계이다. 채엽 과정에서 찻잎에 손상이 생기면 훌륭한 티를 만들기는 정말 어렵기 때문이다(92페이지 참조). 찻잎을 따는 기계는 아직은 사람의 손놀림만큼 섬세하지 못해 오늘날 대부분의 찻잎들은 사람이 손으로 직접 딴다. 훌륭한 티를 생산하는 차나무 재배 지구에 종사하면서 찻잎을 따는 작업자들은 차나무 관목에서 새싹 한 잎과 맨 위의 두 잎만을 딴다(새싹은 '피코pekoe'라고 한다). 이때의 잎들은 새로 돋아난 신선한 싹들이다. 최상품의 찻잎만을 따기 위하여 작업자들은 차나무 관목이 늘어선 열을 따라서 이동하는데, 잔디를 깎듯 한쪽 끝에서 시작해 다른 한쪽 끝에서 작업을 끝낸다. 딴 찻잎은 들고 다니는 가방이나 등에 진 바구니에 담는데, 가득 차면 계량소로 가서 찻잎의 무게를 재고 품질을 검토한다. 새싹 한 잎과 여린 두 잎, 새싹 한 잎과 여린 세 잎과 같이 품질이 서로 다른 것들은 분류한 뒤 품질 기준에 맞는 것들만 엄선하여 가공 공장으로 보내거나 유명 티 브랜드 업체로 보낸다. 숙련된 작업자들이 하루에 찻잎을 따는 양은 30~35kg인데, 이는 홍차 6~7kg을 생산할 정도의 양이다. 찻잎을 딴 뒤 티로 가공하는 작업 또한 전문적인 기술과 오랜 경험이 필요하다. 다음 페이지에서는 찻잎이 차나무의 관목에서 찻잔에 이르기까지 긴 여정을 통해 다양하게 가공되는 '방식'에 대해 살펴본다.

위조萎凋, withering

수확된 찻잎은 12시간 내로 가공 공장으로 운송되어 위조 과정에 들어간다. 위조는 찻잎에 함유된 수분의 양을 줄이는 과정이며, 결과적으로 찻잎이 시들면서 오그라든다. 먼저 찻잎을 위가 트인 그물망에 놓아둔다. 큰 가공 공장에서는 그물망 아래로 외부의 공기를 불어 보낸다. 그러면 찻잎이 물리적으로 시들면서 수분 함량이 70% 이하로 떨어진다. 공장의 관리자는 굳이 시험하지 않고도 눈으로 보기만 해도 그 상태를 안다! 오랜 경험을 통해 관리자는 시든 찻잎을 손으로 쥐어 보고 수분이 충분히 감소했는지의 여부를 알 수 있다. 물리적인 위조가 유념 작업에 들어가기 전에 찻잎이 충분히 부드럽고 유연해졌는지를 의미한다면, 화학적인 위조는 향미를 생성시킬 방향성 성분과 휘발성 성분들이 찻잎 내부에서 충분히 생성되었는지를 의미한다. 위조 과정을 마친 찻잎은 이제 다음 가공 과정으로 넘어갈 준비가 된 것이다.

유념 揉捻, rolling

다음 단계는 찻잎의 세포벽을 파괴하여 향미를 내는 내부의 성분들이 배어 나오도록 하는 것이다. 여기에는 오서독스orthodox 방식과 자르고cut, 찢고tear, 휘말기curl의 방식, 즉 CTC 방식이 있다.

오서독스orthodox 방식

과거에는 생잎을 양손으로 비비면서 굴리는 작업을 반복하였지만, 지금은 유념 기계를 사용한다. 유념 선반 위에 찻잎을 올려놓으면, 그 위로 맞물려 있는 선반이 엇갈리게 움직이면서 찻잎이 부드럽게 비틀어진다. 이때 새싹, 즉 피코가 부서지지 않고 모양을 온전히 유지하는 것이 가장 중요한 관건이다. 유념 과정을 거친 찻잎들은 선별기로 옮겨져 등급별로 분류된다. 가장 훌륭한 품질의 찻잎이 선별되고 나면, 두 번째, 세 번째로 분류된 찻잎만 오서독스 선반에 남게 된다. 선반에 가장 마지막까지 남은 것일수록 품질은 점점 더 떨어진다.

CTC 방식

찻잎의 크기가 잘수록 티가 보다 더 잘 우려지기 때문에 티백을 겨냥해 찻잎을 가공하는 경우에는 CTC 방식이 가장 적합하다. 연한 찻잎은 먼저 정교한 칼날이 돋은 원통 속을 통과하면서 잘게 잘려지고 굴려지면서 유념된다. 오서독스 방식이나 CTC 방식이나 모두 찻잎을 으깨어 내부에 들어 있는 효소를 방출시킨다. 찻잎에 든 수분에 일종의 즙 형태로 함유된 효소는 맛과 향의 성분들을 간직하고 있는데, 이것이 배어 나오면서 굉장한 향미의 티를 만드는 것이다.

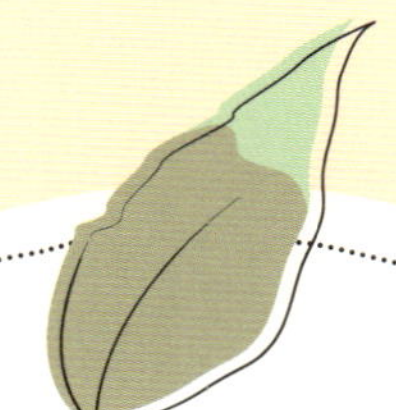

산화 酸化, oxidation

티의 세계에서는 '발효fermentation'라고도 하지만, 본질적으로는 찻잎의 색상이 갈색으로 변화하는 산화 과정이다. 신선한 사과를 잘라서 놓아두면 색상이 점차 연녹색에서 갈색으로 변화하는 것과 같다. 전문적으로 설명하면, 테아플라빈theaflavin과 테아루비긴thearubigin이 생성된 상태이다. 이 성분이 티의 맛과 향에 활기와 강도를 불어넣는 것이다. 산화 과정이 정확히 일어나려면 매우 섬세한 균형이 필요하다. 산화도가 낮으면 찻빛이 녹색을 띠며 향미가 산뜻하고, 산화도가 높으면 찻빛이 갈색을 띠며 향미가 중후하기 때문이다.

증청 蒸靑, steam-fired / 초청 炒靑, pan-fired / 건조 乾燥, drying

전체 가공 과정에서 최종 단계에 해당하는 세 건조 과정의 목표는 모두 찻잎의 수분 함량을 3% 이하로 낮추는 것이다. 세 건조 과정은 찻잎의 산화 과정을 최종적으로 중단시켜 티의 향미를 일정하게 유지한다. 원하는 티의 종류에 따라 증기로 찌거나(증청), 팬에 가열하거나(초청), 햇빛에 말리거나(자연 건조) 하면 된다.

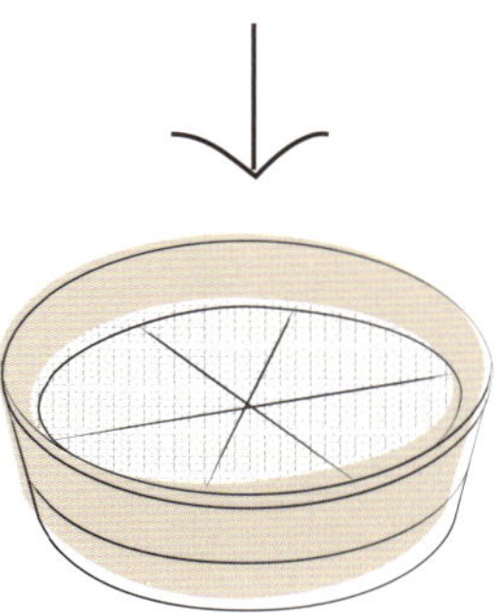

선별 選別, sorting / 분류 分類, grading

대량으로 생산된 티는 선별기를 통과하면서 등급이 분류된다. 온전한 모양을 지닌 홀 리프whole leaf, 잘게 잘린 브로큰broken, 고운 가루로 갈린 패닝fanning의 세 등급으로 나뉜다(자세한 내용은 122~123페이지 참조).

포장 包裝, packing

차나무의 재배 지구에서는 대부분 티를 소비자가 사용하는 최종 상품으로 포장하지 않고 자루에 넣어 대량으로 운반한다. 티는 신선도를 유지하기 위하여 보통 크래프트지나 포일을 내부에 안감으로 댄 자루에 포장된다. 안타깝지만 티 상자가 아니다. 티 자루들은 팰릿에 차곡히 쌓여 출고를 기다리게 된다.

다른 티, 다른 가공 방식

모든 티가 다 동일한 것은 아니다. 생잎으로 시작한 모든 티는 그 찻잎이 겪는 가공 방식에 따라 다양한 종류의 티로 거듭 태어나 우리의 찻잔에 담긴다. 여기서는 그 과정에 대해 간략히 소개한다.

백차

백차는 기본적으로 인위적인 가공 과정을 거치지 않은 자연 그대로의 티이다. 그 이름은 새싹, 즉 피코에 보이는 보송보송한 흰 잔털로부터 유래되었다. 백차는 찻잎을 따 자연 상태로 건조시킨다. 찻잎이 24시간 동안 공기에 노출되면서 산화 과정이 부분적으로 자연스럽게 일어날 수 있어, 백차에는 하얀색과 초록색을 띠는 서로 다른 색상의 찻잎들이 간간히 뒤섞여 있다. 찻빛은 매우 연한 초록색이나 노란색이며, 그맛은 굉장히 향긋하고 산뜻하다.

녹차

녹차는 찻잎을 딴 뒤 위조와 유념의 과정을 거친다. 이어 찻잎에 열을 가하는 살청殺靑, fixation 작업을 통해 산화를 강제로 중단시킨다. 따라서 녹차에서는 이 살청이 가장 중요한 과정이다. 찻잎을 증기에 찌거나(증청) 가열된 우묵하고 큰 팬에 놓고 비비는데(초청), 이때의 온도는 산화 효소가 찻잎의 색상을 갈색으로 변화시키는 것을 막을 수 있을 정도로 충분히 높아야 한다. 그리고 가열과 함께 찻잎은 팬 위에서 비틀리거나 편평한 모양으로 성형된다. 찻잎이 충분히 건조되면 가열을 중단하는데, 이렇게 생산된 녹차는 초록색을 띠며 맛도 굉장히 풍부하다. 초청 과정을 거친 녹차는 훈연향이, 증청 과정을 거친 녹차는 야채 향이 풍부하다.

우롱차

우롱차는 부분적으로 산화된 티로 산화도가 홍차와 녹차의 중간 정도이다. 기본적인 티 생산 과정에 일부 과정을 더 거친다. 바로 유념과 산화의 과정을 반복하는 것인데, 산화도는 10%~80%로 찻잎의 색상이 갈색으로 변화한 정도에 따라 대략적으로 평가된다. 우롱차는 그 가공 과정이 복잡하여 매우 오랜 시간이 걸리지만 최종적으로 생산되면 꽃과 과일의 향미가 풍부히 펼쳐진다.

홍차

홍차도 찻잎을 딴 뒤 분류, 포장에 이르기까지 기본적인 과정을 모두 거친다. 홍차에서 가장 중요한 것은 산화도 100%의 과정이다. 마지막으로 찻잎을 거대한 원통이나 오븐 속에 넣고 가열하여 최종적으로 건조시키면서 향미를 고착시킨다.

☕ 티 한 잔의 이야기

티백을 만드는 기계 중 일부는 분당 2000개의 티백을 생산할 수 있다. 24시간 동안 기계를 쉬지 않고 돌린다면, 약 300만 개의 티백도 거뜬히 생산할 수 있다!

티는
서로 다른 두 경로를 통해
소비자에게 최종적으로 전달된다.

경매

티는 오래전부터 경매장을 통하여 판매되었다. 케냐, 말라위, 인도(남부, 북부), 인도네시아에는 세계적인 티 경매장들이 있다. 매주 경매를 앞두고 다양한 구매자들에게는 미리 맛을 볼 수 있도록 티 샘플들이 발송된다. 그러면 구매자들은 함께 모여 티 상품을 배정한 다음에 입찰을 진행한다. 매주 같은 구매자가 참석하여 경매는 매우 생동감이 넘치는 분위기 속에서 진행된다.

개인 판매

일부 티들은 생산자와 최종 소비자 간의 직거래로 판매된다. 이러한 개인 판매를 주도하는 티 중개인들은 티의 품질과 시장에 대해서 잘 이해하고 있는 전문가인 '중간 상인'으로서의 큰 역할을 한다. 개인 판매는 경매의 가격과 연계될 수도 있고, 수요와 공급의 법칙에 의해 움직이는 특정한 시나리오(프리미엄 티는 특히)와도 연계될 수도 있다.

구매한 티는 선적을 통해 최종 목적지까지 운송된다.
그곳에서 소비자가 곧바로 구입할 수 있는 형태로 포장된다.
티는 항공기보다 대부분 선박으로 운송된다.

영국에서는 티의 96%가 티백의 형태로 소비된다.
따라서 영국으로 운송되는 티의 대부분은
먼저 티백을 포장하는 기계로 작업을 거친 뒤 소비자에게 판매된다.

티백은 오늘날 티의 향미를 극대화할 수 있도록 다양한 형태로 생산되지만,
역시 티는 잎차나 홀 리프 등급의 티가 가장 좋다.
가장 최근의 혁신적인 티백으로는 찻잎을 담고 있는 망이 자연적으로 분해되는 친환경적인 것,
찻잎이 가장 잘 우러나도록 입체형인 것 등이 있다.

티의 분류

티에 관하여 좀 더 자세히 알고 싶거나 티에 관한
약간은 근사한 옛 이야기에 대해 알고 싶다면 티의
5대 분류에 대해 두루 살펴보길 바란다. 즉 백차,
우롱차, 녹차, 홍차, 그리고 흑차(보이차)이다. 뒤이어
루이보스, 캐모마일, 페퍼민트, 예르바 마테와 같은
허브티에 대해서도 알아 두면 더욱더 좋다.

백차 | 白茶 · White tea

티 여부	카멜리아 시넨시스 종의 찻잎으로부터 생산하는 티.
주산지	중국 푸젠성 푸딩시福建省 福鼎市.
향미	미묘하면서도 섬세함.
우리는 시간	3분.
음용 방식	우유를 넣지 않고 뜨겁게.
특이 사항	가공 과정을 거치지 않는 자연 그대로의 티.

백차는 거의 아무런 가공도 하지 않은 자연 그대로의 티(98~101, 102페이지 참조)로 중국 푸젠성의 푸딩 시 인근이 원산지이다. 이 도시는 생선 수프가 맛있기로 유명하다는 점 외에는 별로 흥미로울 것도 없는 곳이지만, 도시를 둘러싼 산과 언덕이 놀라울 만큼 아름답고 가파른 암벽 사이의 곳곳에는 녹색의 차나무가 자라고 있다.

백차는 스리랑카, 다르질링, 남인도, 케냐, 하와이 등 세계 곳곳의 나라에서 모두 같은 방식으로 생산된다. 특히 중국 푸젠성에서 생산되는 백차는 일반적으로 '진품'으로 여긴다. 물론 다른 지역에서 생산되는 백차도 그 맛과 향이 매우 굉장하고 흥미롭다.

푸젠성에서 자라는 차나무는 카멜리아 시넨시스 종을 특별히 개량한 재배종인 대백(大白, Da Bai)이다. 차나무는 봄이 오는 3월 중순에서 4월 중순 이전의 겨울에는 휴면기에 들어 있다. 봄기운이 보이면 곧바로 차나무의 가지 끝에 돋아나는 새싹을 딴다. 이 새싹은 가느다란 하얀 잔털로 뒤덮여 있는데, 과거에는 찻잎에 '솜털 같은 것이 있다'고 불평하는 고객들도 있었지만, 그로 인해 '백차'라는 이름이 생겼다. 지금은 훌륭한 백차의 특징으로 꼽기도 한다!

티 생산에 있어 처음 2주간이 가장 중요한 시기이다. 찻잎에 손상이 일어나지 않도록 하고, 산화 과정이 일어나지 않도록 전통적으로 햇빛에 말려 건조시킨다. 날씨가 좋지 않으면 실내의 선반에 올려놓고 말리기도 한다. 비라도 오면 섬세한 찻잎을 따는 데 매우 큰 손상이 생길 수 있기 때문에 따뜻한 햇살이 비치는 이른 아침에 찻잎을 따는 것이 가장 이상적이다.

가장 인기 있는 백차로는 백호은침白毫銀針과 백모란白牡丹이 있다.

백호은침 白毫銀針, Silver Needle

최고 품질의 백차인 백호은침은 바이 하오 인전Bai Hao Yin Zhen, 실버 니들Silver Needle, 실버 팁Silver tips이라고도 하며, 가격이 가장 비싸다. 찻잎은 은색의 바늘같이 생겼는데, 오직 새싹들로만 이루어져 있다. 그 아래에 돋는 잎들은 결코 들어 있지 않다. 티는 가장 가볍고 산뜻한 향미를 내며, 티 중에서도 가장 맑고 깨끗하다.

약한 단맛이 느껴지는데, 일부 사람들은 허니 서클honeysuckle 같다고도 한다.

백모란 白牡丹, White Peony

백차에서 두 번째로 품질이 좋은 티는 백모란으로서 바이 무단Bai Mu Dan, 파이 무탄Pai Mu Tan, 화이트 피오니white peony 등으로 다양하게 불린다. 티를 우릴 때 찻잎이 마치 피어나는 봄꽃처럼 보인다 하여 이름이 붙었다.

◀ 중국 푸젠성 푸딩 지역에서 모자를 쓴 인부가
백차를 만들기 위해 이른 아침부터 찻잎을 따는 모습.

☕ 티 한 잔의 이야기

중국에서 전해져 내려오는 옛 이야기에 따르면, 백차는 매년 봄에 2주 동안(사실) 어린 소녀들이 가녀린 손으로 새싹을 따 비벼서 햇빛에 말렸다(일부 사실)고 한다.

산지
중국 푸젠성 푸딩시.

해발고도
약 600~1200m.

연간 생산량
약 25톤.

종사자 수
정규 직원 60여 명, 계절노동자 400여 명.

생산 티
백차, 녹차, 홍차, 재스민 티, 우롱차.

루이스가 만난 사람

제니 루안Jenny Ruan. 중국 푸딩 지역에서 백차 농사를 짓고 있으며, 그녀를 비롯해 온 가족이 20년 이상을 티 분야에 종사하고 있다. 1992년에 차창茶廠을 설립하여 차나무의 재배와 가공뿐 아니라 티에 관한 연구도 진행하고 있다.

당신의 다원은 어떤 곳인가요?

저희는 푸딩 일대의 구릉지에서 차나무를 재배하고 있어요. 푸딩시에서는 차량으로 한 시간 거리니까, 꽤나 한적한 곳이라 할 수 있죠.

티 산업에 어떤 변화가 있었나요? 물론 생산자에게도 변화가 있었겠지요?

티 산업에서는 지난 20년간 많은 부분이 변화했어요. 그 전까지만 해도 티와 관련된 거의 모든 회사와 차창이 지방 정부의 소유였지만, 지금은 대부분이 개인 소유인 것만 봐도 그래요. 사실 저희도 요즘에 매년 중국의 티 시장이 급속도로 성장하고 있다는 사실을 실감하고 있답니다. 이제는 티를 마시는 문화가 일상화되었고, 사람들도 고품질의 티를 마시는 데 돈을 아끼지 않고 있어요. 예전에 백차는 그 대부분이 수출되었지만, 최근에는 국내 수요도 굉장히 증가하고 있어요. 사람들이 백차가 다른 종류의 티보다 훨씬 더 건강에 좋다고 믿고 있기 때문이죠. 반면에 젊은 사람들이 도시로 떠나면서 찻잎을 따거나 분류하는 고된 작업을 하는 일꾼을 구하는 일은 점점 더 어려워지고 있어요.

다원에서 당신의 일과는 어떤가요?

쉬는 날이 거의 없어요. 두서너 가지의 예만 들자면, 신선한 찻잎의 품질을 확인하고, 티의 가공 과정을 관리하고, 티의 맛을 시험해 봐요. 티를 생산하는 철이 오면 다원에 거의 살다시피 하며 생산에 집중한답니다. 생산하는 철이 지나면 조금 여유로워져요. 찻잎을 3월 중순부터 말까지 2주간만 따거든요. 손으로 아주 부드럽게, 그리고 주의해서 신선한 찻잎만을 따고, 새싹들을 하나씩 골라내요. 백호은침 1kg에는 이러한 새싹들이 2만 5000개에서 2만 8000개나 들어 있어요.

티의 어떤 점이 좋은가요?

제 생각에 티는 가장 건강한 음료가 아닐까 싶어요. 차나무가 자라는 환경 자체에 공해가 없고 토양도 차나무에 최적화되어 있거든요. 저 또한 좋은 품질의 티를 즐겨 마셔요. 대개는 저희가 직접 생산한 티를 마시지만, 간혹 티 사업을 하시는 분들이나 주변의 친구들과도 티를 주고받으며 나눠 마시기도 하죠.

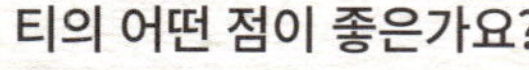

산지
미국 하와이.

해발고도
약 300m.

연간 생산량
백차 15kg(2014년도).

종사자 수
현재 혼자. 필요에 따라 사람들을 고용해
잡초를 제거.

생산 티
오거닉 백차.

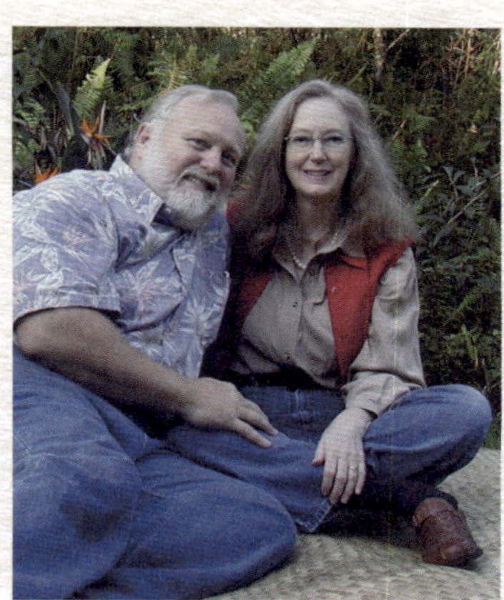

루이스가 만난 사람

봅 제이콥슨Bob Jacobson. 하와이 열대우림티연합회Hawaii Rainforest Tea 회장과 하와이 티연합회Hawaii Tea Society 회장을 겸하고 있다. 봅은 2008년부터 차나무의 재배에 나섰으며, 섬 일대의 소규모 자영농들을 위한 비영리기관을 설립한 뒤 하와이 열대 우림 지역에서 차나무를 재배하고 있다.

당신의 다원은 어떤 곳인가요?

저희 다원은 힐로에서 약 15마일 정도 떨어져 있어요. 힐로는 열대 우림의 한복판에 있는데, 섬에서도 가장 큰 도시죠. 다원에 가려면 비포장도로를 운전해서 가야 하는데, 길목에는 드문드문 집들이 있어요. 300~600년 전에 용암이 흘렀던 대지에서 자라난 열대 우림의 자연 속으로 가면 다원이 모습을 보여요. 저희는 다원에 빗물로 물을 대고, 태양전지로 전력을 공급하고 있답니다.

당신은 왜 티의 세계로 들어섰나요?

2008년인가 그때부터 처음 다원을 조성했지요. 그 전에는 케냐나 중국 등 차나무를 재배하는 지역들을 여기저기 돌아다니면서 티의 세계에 발을 들여놓았어요. 문득 생각이 든 것이, 열대 우림의 하늘 아래에서도 하층 식물로 차나무를 재배할 수 있겠다 싶었어요. 가족 단위의 소규모의 다원이라면 자연을 보호하면서도 얼마든지 할 수 있겠다고 생각했지요.

하와이 티의 훌륭한 점으로는 무엇이 있나요? 있다면 그 이유가 뭔가요?

하와이 티는 하와이에서만 맛볼 수 있는 독특한 향미를 내면서도 오래 우려내도 쓰지 않아요. 백차가 최고의 향미를 내도록 정확한 방법을 찾아내는 데만 2년이 걸렸답니다. 우리 티의 강점도 해마다 늘고 있는 것 같군요.

티 산업에 어떤 변화가 있었나요? 물론 생산자에게도 변화가 있었겠지요?

예나 지금이나 하와이에는 티 산업이 그다지 발달돼 있지 않아요. 그런 틈새 시장을 노렸죠. 찻잎을 손으로 따서 가공하여 티로 생산해 하와이산 유기농 인증을 받았거든요.

다원에서는 어떤 가공 과정을 하나요?

저희는 오직 백차만을 생산하기 때문에 찻잎을 따자마자 곧바로 40도 온도의 오븐에 넣고 열을 가해요.

다원에서 당신의 일과는 어떤가요?

저희 다원은 오히아ohia 나무와 코피코kopiko 나무가 우거진 우림 속에 있어요. 다원의 면적은 0.6헥타르 정도인데, 6000~7000그루의 차나무가 자라고 있어요. 제가 하는 일은 잡초를 뽑고 꽃이나 싹, 씨앗을 따는 일이죠. 새들의 지저귐 소리를 들으며 일하고, 난초를 비롯해 열대우림지에서만 볼 수 있는 다양한 보석 같은 풍광들을 목격하죠. 정말 하루하루가 다채로워요.

다원에서 떠날 때도 있나요?

한 달에 한 번 정도 다른 섬에 사는 친구나 사업 파트너를 만나러 가요. 작년에는 중국, 타이완, 케냐 등의 다원을 방문했어요. 일 년에 한 번 정도 하와이 밖으로 여행한답니다. 가족과 사업을 위해서라고 할까요.

좋아하는 티가 있다면? 직접 생산한 티만 마시나요?

저희 다원에서 생산한 백차가 가장 맛있는 것 같아요. 그래도 좋은 품질의 티라면 다 좋지요.

티를 마시는 방법이 따로 있나요? 갓 우려낸 신선한 티만 마시나요?

모든 품질의 티를 다 마셔요. 갓 우린 신선한 티도 그렇고요. 티를 사랑하거든요.

티의 어떤 점이 좋은가요?

티에 관한 초기 문헌에 설명된 대로 티를 마시면 마음이 차분히 가라앉는 것 같아요. 백차는 정말 완벽하죠.

녹차 | 綠茶 · Green tea

티 여부 카멜리아 시넨시스 종의 찻잎으로부터 생산하는 티.

주산지 중국, 일본.

향미 가볍고 산뜻하면서도 꽃 향(품질이 높음)에서부터 야채의 떫은맛(품질이 다소 떨어짐)까지 다양함.

우리는 시간 3분.

음용 방식 우유를 넣지 않고 뜨겁게.

특이 사항 매우 다양함.

녹차가 특별한 이유는 그 다채로움에서 찾을 수 있다. 녹차는 오늘날 전 세계 곳곳에서 생산되고 있는데, 중국과 일본이 생산량에서 단연 으뜸이다.

녹차의 75%가 중국에서 생산되며, 세계 곳곳의 수많은 사람들이 다양한 유형의 녹차를 생산한다. 소규모 자영농 단위로 농사를 지으며 각자 다른 스타일로 티를 생산한다. 전통적인 방식에 따라 손으로 직접 작업하며, 이는 오늘날에도 일반적인 방식이다. 각 지역마다 다양한 스타일의 티가 있으며, 생산자별로 가공 방식에 따라 생산되는 티도 다양하다. 실제인지 허구인지 알 수 없지만, 중국 녹차의 품질을 향상시키기 위하여 지금도 끊임없는 노력이 이루어지고 있다는 이야기도 들린다. 이와 관련된 아름다운 이야기가 궁금하다면 계속해 읽어 보길 바란다.

산화를 방지하기 위해 찻잎을 시들게 한 뒤 열을 가하는 것이 녹차를 만드는 기본 방법이다(100페이지 참조). 녹차는 증기로 찌거나 가열한 팬에 놓고 덖어 산화를 막고 신선한 녹차 잎의 모양을 유지한다. 찻잎에 열을 가해 수분이 제거되면, 다음 단계인 유념, 성형, 건조를 위한 준비가 끝난 것이다. 녹차의 세계에서는 중국 녹차가 가장 인기가 많고, 그 다음이 일본 녹차이다.

중국 녹차

중국에는 수많은 종류의 녹차가 있는데, 여기서는 향미가 뛰어난 네 종류 녹차를 소개한다.

용정 龍井, Dragon's well, Long Jing

저장성의 성도인 항저우시 인근이 원산지인 이 티는 찻잎을 팬에 가열하는 방식, 즉 초청을 통해 만든다. 티의 이름인 용정龍井은 '용의 우물'이라는 뜻이다. 찻잎은 독특하게도 납작한 바늘 모양인데, 맛은 달고 약간 구운 듯하다.

모봉 毛峰, Mao Feng

안후이성과 저장성에서 대부분이 생산되는 모봉은 가볍고 산뜻한 맛으로 복숭아 향미가 난다. 정식 이름은 황산모봉黃山毛峰, Huang Shan Mao Feng으로, '황산의 뾰족하면서도 솜털 같은 봉우리'라는 뜻이다.

주차 珠茶, Gunpowder

저장성에서 생산되는 고전 녹차인 주차는 옛날 화약같이 손으로 돌돌 말아 작은 공이나 알갱이 모양으로 만든다. 주차의 스모키한 향미는 매우 독특하며, 모로코에서는 다량의 민트와 설탕을 함께 넣어 마신다.

진미 珍眉, Chunmee

'빼어난 눈썹'이라는 뜻의 진미는 찻잎을 눈썹 모양으로 독특하게 가공한 녹차로 장시성江西省이 원산지이다. 진미는 주차보다 스모키한 맛이 약하지만, 순수하면서도 최고급 녹차의 섬세한 향미를 풍긴다.

황차 黃茶, yellow tea

황차는 중국의 티 중에서도 매우 독특한 형태인데, 녹차와 같이 팬에 가열한 뒤 더미로 쌓아 천으로 덮어 둔다. 그러면 찻잎이 잔열과 습기로 인해 약하게 발효되면서 노란색으로 변한다. 황차만의 이 독특한 과정은 민황悶黃이라고 한다. 우려낸 황차의 향미는 매우 부드럽고 달콤하다.

산지
중국 장쑤성江蘇省 이싱시宜興市(상하이에서 차량으로 서쪽으로 두 시간 반 거리).

해발고도
약 800m.

연간 생산량
약 11톤.

종사자 수
30명.

생산 티
스페셜티 중국 녹차를 주로 생산하고, 일부 홍차도 생산.

루이스가 만난 사람

시훙팡Shi Hong Fang. 중국 동부의 이싱시 인근의 밍링 상전 다원의 관리자이다. 인적이 드문 곳에 위치한 일반적인 다원이나 재배 지구와는 달리 이 다원은 마을에서 2km 정도 떨어져 있어 걸어서도 갈 수 있다.

당신의 다원은 어떤 곳인가요?

저희 다원은 장쑤성 이싱시 안에 있는데, 중국에서 세 번째로 큰 담수호인 아름다운 타이후호太湖와도 가까워요. 0.8헥타르 면적의 대지에 차나무를 재배하는데, 매년 4월 20일~26일이면 수확기에 들어가죠. 일체 수작업으로 이루어지며, 기계는 일절 사용하지 않아요.

이곳 티의 훌륭한 점으로는 무엇이 있나요? 있다면 그 이유가 뭔가요?

이곳에서는 매우 훌륭한 티를 생산하고 있어요. 생산 과정의 시작에서부터 끝까지 전 과정을 아주 주의 깊게, 그리고 면밀하게 지켜봐요. 모든 과정이 수작업으로 진행되지만, 티의 품질은 기후에 영향을 많이 받는다고 봐요.

다원에서 당신의 일과는 어떤가요?

티를 생산하는 전 과정에 모든 직원이 함께 참여한답니다. 그래서 약 서른 명의 직원이 함께 찻잎을 수확한 뒤 공장에서 함께 가공하여 판매하고 있어요.

티 산업에 어떤 변화가 있었나요? 물론 생산자에게도 변화가 있었겠지요?

중국의 티 산업은 여전히 매우 보수적이에요. 제가 티 사업에 뛰어든 뒤로도 거의 변화가 없었어요. 하지만 저는 매우 행복하답니다.

다원에서 떠날 때도 있나요?

다원에서는 5일 정도 일하고, 이틀간은 집에서 쉬어요. 가끔은 여행도 가지만, 거의 집에서 가사를 돌보는 편이에요.

좋아하는 티가 있다면? 직접 생산한 티만 마시나요?

중국 녹차만 마셔요. 모봉 복차가 최고라 생각해요.

티를 마시는 방법이 따로 있나요? 갓 우려낸 신선한 티만 마시나요?

저희 다원에서 갓 생산된 신선한 티를 우려내 마셔요. 이싱시에서 구입한 도기 찻주전자로 신선한 녹차를 우려내 투명한 유리잔에 담아 마셔요. 가향·가미차는 그다지 선호하지 않는데, 티백 홍차는 가끔 마신답니다. 이싱의 도기 찻주전자(자사호紫沙壺라고도 한다)는 특수한 자사로 만들어 중국 이싱에서만 발견되는 다양한 미네랄을 함유하고 있어요. 자사호를 몇 번 사용하면 찻물이 내벽에 흡수되어 코팅의 효과가 생기는데, 티의 맛을 간직해 한결 좋은 향미로 우려낼 수 있답니다. 이 자사호를 사용할 때는 한 가지 규칙이 있는데, 절대로 이 티를 우렸다, 저 티를 우렸다 하면 안 된다는 거예요. 한 자사호에는 오직 한 종류의 티만 우려내 사용해야 한답니다.

티의 어떤 점이 좋은가요?

간단히 말해, 저는 티를 사랑해요. 훌륭한 품질의 녹차라면 무엇이든 좋아해요. 계절별로 생산되는 신선한 향미를 정말 좋아한답니다.

▲ 일본의 한 다원에서 맛차를 만들기 위해 찻잎을 따는 장면.

☕ 티 한 잔의 이야기

진부한 러브 스토리라고 해도 상관없지만, 모봉 녹차에 관한 이야기는 정말로 애절하다. 일화에 따르면, 오래전 한 젊은 남성과 아름다운 젊은 여성이 다원에서 사랑에 빠졌다. 그런데 마침 그곳을 지나던 지역의 군주가 그 여성을 첩으로 들이면서 불행이 시작되었다. 여성이 애인을 찾아 도망쳤지만, 그녀의 애인은 이미 군주가 죽인 뒤였다. 깊은 산속에서 애인의 주검을 발견해 비탄에 빠진 여성은 울고 또 울면서 그녀는 비가 되었고, 애인의 주검은 차나무가 되었다. 이로부터 모봉 녹차를 생산하는 곳은 구름이 연중 잔뜩 끼고 습도가 높아졌다는 슬픈 이야기이다.

일본 녹차

중국에서는 노동자를 기반으로 소규모로 티를 생산하지만, 일본에서는 기계화를 통해 다양한 수준으로 예술적인 티들을 만들고 있다 (93페이지 참조). 일본에서는 손으로 가공하지는 않지만, 지금까지도 훌륭한 티를 만들고 있는 세계에서도 유일한 지역이다.

센차 煎茶, Sencha

일본 녹차라고 하면, 보통 센차를 떠올리면 된다. 일본에서 생산되는 티의 63%가량이 센차(2013년도 기준)이기 때문이다. 앞서 티의 가공 과정에서 소개하였듯이 증청이라는 과정 있다(101페이지 참조).

증기로 찌는 시간은 티의 맛에도 큰 영향을 준다. 20초간 짧고 강하게 쪄 내면, 강한 향기를 내고 우려낸 찻빛도 밝은 색상을 띤다. 반면에 최대 160초까지 길게 쪄 내면, 찻잎의 모양이 변하면서 어두운 빛이 돌며 향미도 더 강해진다.

교쿠로 玉露, Gyokuro

본이름은 교쿠로타마호마레玉露玉쁄인데, 간략히 '교쿠로'라고 한다. 일본의 옛 수도인 교토 인근에서 주로 생산한다. 일본의 티 생산량 중에서 교쿠로가 차지하는 비율은 1% 미만이지만, 품질이 가장 높고 가격도 가장 비싸다. 이 티를 그토록 특별나게 만드는 것은 대체 무엇일까? 찻잎을 따기 20일 전에 그물망으로 차나무를 뒤덮는다. 그러면 찻잎에서는 녹색 색소인 엽록소와 단백질의 요소인 아미노산의 생성이 증가한다. 결과적으로 찻잎의 녹색이 더 짙어지고, 특히 테아닌 theanine이라는 아미노산도 풍부해져 특유의 단맛이 생긴다. 일본에서는 이 단맛을 오이카ooi-ka라고 한다.

겐마이차 玄米茶, Genmaicha

녹차의 향미를 더해 주기 위해 무엇을 넣을 수 있을까? 물론 굽거나 튀긴 쌀이 있다. 겐마이차는 센차에 팝콘 같은 것이 들어 있다고 해서 '팝콘 티'라고도 한다. 수 세기 동안 일본의 극빈층에서 비싼 티를 조금씩 나눠 마시기 위해 덜 비싼 쌀을 섞어 먹은 데서 유래했으며, 현재는 일본의 주요 티 중 하나이다. 녹차에 단맛이 나는 구운 쌀과 견과류가 들어간 티는 세계적으로 인기를 얻고 있다.

쿠키차 莖茶, Kukicha

고품질의 티와 맛있는 티라고 하면 으레 새싹과 여린 잎을 수확하는 장면을 떠올리는 반면, 관목의 줄기 따위는 떠올리지 않는다. 그러나 이 티만큼은 예외이다. 보차棒茶 또는 '줄기 티'로 알려진 쿠키차는 노란 잎줄기와 진하고 밝은 녹색의 센차를 혼합한 것으로 교쿠로와 혼합할 수도 있다. 일부에서는 쿠키차를 남은 재료를 활용한 최고의 티라고 평가하기도 한다. 그 결과 맛이 가볍고 산뜻하며 덟은맛이 없다. 줄기에는 찻잎만큼 카페인이 많이 들어 있지 않다. 따라서 쿠키차는 '자연산 저카페인 음료'라고 할 수 있다.

호우지차 焙じ茶, Hojicha

녹차가 녹색이 아닐 때는 언제일까? 녹차가 갈색일 때이다! 호우지차는 '볶은 티'라는 의미이며, 티를 볶음으로써 맛이 일정해진다. 볶는데 가장 일반적으로 사용하는 티는 반차番茶,Bancha이다. 이 독특한 일본 티는 수확기가 끝날 즈음에 수확된 찻잎을 도자기제 항아리에 한데 모아 숯으로 볶는다. 그로 인해 티에서는 목재향과 견과류의 향이 강하게 풍긴다.

기계로 차나무를 부채꼴 모양으로 가지치기를
해 잘 정돈된 일본의 다원.

맛차 | 抹茶・Matcha

티 세계의 슈퍼히어로

맛차를 소개하기로 한다. 고농도로 농축된 녹차인 맛차는 곱게 빻아 가루 형태로 되어 있다. 영양분을 풍부하게 함유하고 있어 티의 세계에서도 단연 슈퍼히어로이다.

일본에서 생산된 진품 맛차는 불교 승려와 왕족을 중심으로 900년 이상 사용된 제례 음료이다. 처음 들어 보는 이야기일지라도 결코 놀랄 것도 없는 것이 맛차는 최근까지도 일본 내에서만 소비되었기 때문이다.

맛차 역시도 여느 티와 마찬가지로 카멜리아 시넨시스 종의 차나무로부터 찻잎을 따 만든다. 맛차가 특별한 이유는 찻잎을 수확하기 전에 그늘진 곳에서 2주간 재배하기 때문이다. 직사광선에 노출을 줄여 찻잎에 생성되는 아미노산과 엽록소의 양을 최대화하는 것이다.

그런 다음 찻잎을 증기에 찌고 살짝 덖어 덴차碾茶, Tencha를 만든다. 줄기와 잎맥을 골라내고 순수한 찻잎만 남게 되면 맛차를 만들 준비가 된 것이다. 덴차 잎은 화강암으로 만든 특수 맷돌로 갈아 매우 고운 가루 형태로 만든다. 다 갈리면 즉시 포장하여 밀봉해 좋은 영양소들을 잘 보존한다.

맛차의 효능

맛차는 왜 우리 몸에 좋은 것일까? 그 비결은 마시는 방법에 있다. 일반적으로 녹차를 마실 때는 우린 찻물만 마시고 찻잎은 버린다. 시금치를 삶은 뒤 시금치는 버리고 우려낸 물만 마시는 것과 같다. 일부 영양소는 섭취하겠지만 가장 중요한 부분은 버리는 셈이다. 그런데 맛차는 신선하고 영양소가 풍부한 가루를 액체에 혼합해 마심으로써 잎 전체를 섭취하는 것이다. 따라서 맛차를 마시는 것은 녹차의 특별한 영양소들을 더욱더 많이 마시는 것이다!

맛차는 하루 종일에 걸쳐 활력을 서서히 불어넣어 주는 것으로 알려져 있는데, 실제로 마음을 차분히 가라앉히고 정신을 초롱초롱하

맛차를 언제, 어디서나 마시는 방법

맛차는 믿을 수 없을 정도로 다양하게 활용된다. 뜨거운 티로 마실 수도 있고, 과일 주스, 스무디, 차가운 우유, 따뜻한 우유에 넣어 마실 수도 있다(196, 199, 200페이지 참조). 자신만의 맛차를 아주 간단히 만들 수 있는 방법을 여기에서 소개한다.

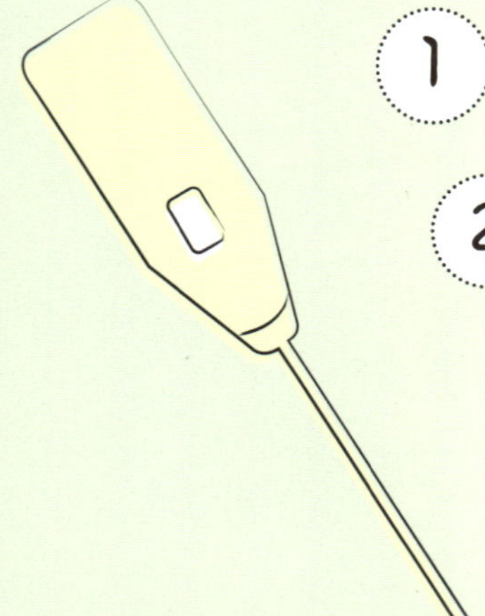

1 맛차 ½티스푼을 담는다.

2 선택한 음료에 맛차를 탄다. 차가운 물, 뜨거운 물, 과일 주스, 스무디, 찬 우유, 뜨거운 우유 모두 상관없다.

3 휘젓는다. 전기 구동의 휘젓개를 사용하면 더 좋다. 다 저으면 꿀꺽꿀꺽 마신다!

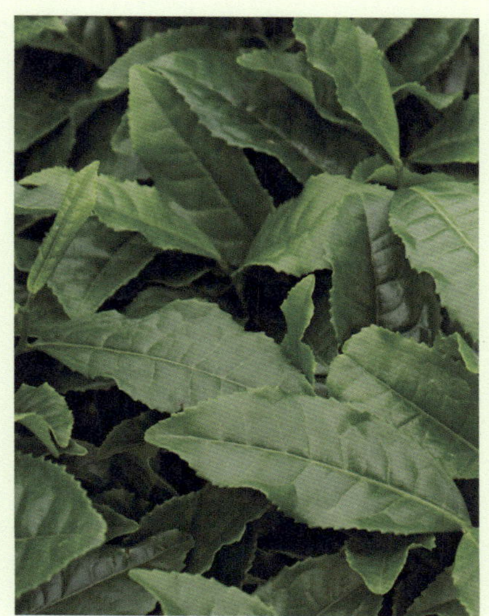

▲ 찻잎을 확대하여 본 모습.

게 하여 집중력을 향상시켜 준다. 이와 같은 이유로 일본의 학생들은 시험을 보기 전날 벼락치기로 공부할 때 맛차를 마신다고 한다. 또한 불교의 승려들도 명상 훈련을 하는 동안에 마음의 평정과 집중력을 유지하기 위하여 맛차를 마신다고 한다.

맛차는 일반 녹차 10잔에 해당하는 영양적인 가치를 가지며, 바로 이 점 때문에 맛차를 슈퍼히어로 녹차라고 하는 것이다. 맛차 한 잔만으로도 활력을 불어넣어 줄 수 있다.

어디에서나 맛차!

맛차의 좋은 점은 원하는 대로 다양하게 먹을 수 있다는 점이다. 가루로 되어 있기 때문에 거의 모든 음식에 넣어 먹을 수 있다. 일본에서는 맛차를 팝콘, 아이스크림, 케이크(173 페이지 참조), 쿠키 등에 넣어 먹는다.

맛차에 숨겨진 효능

녹차 플라보노이드

맛차에는 자연산 녹차 플라보노이드flavonoid인 카테킨catechin이 다량으로 함유되어 있으며, 그 카테킨에는 에피갈로카테킨 갈레이트EGCG, epigallocatechin gallate라는 화학 성분이 들어 있다. 녹차의 항산화 효과와 관련하여 과학적인 연구들이 다양하게 진행되고 있는데, 특히 EGCG가 체내에서 어떻게 작용하는지에 대하여 연구가 집중되고 있다.

집중력 향상

1992년에 일본 연구진들은 맛차에 함유된 L-테아닌theanine이라는 중요 아미노산 성분이 학습 능률을 개선시키고, 집중력을 향상시키며, 면역 체계를 지원하는 효능이 있다는 사실을 밝혀냈다.

활기의 지속

모든 녹차와 마찬가지로 맛차에는 아미노산 L-테아닌뿐 아니라 천연 각성제인 카페인도 함유되어 있다. 이 두 성분은 활기를 서서히 높여 주는 작용을 한다. 맛차 애호가들에 따르면, 정신이 초롱초롱한 상태에서 몇 시간이고 집중할 수 있다고 한다. L-테아닌이 인간의 뇌파인 알파파를 증진하는 데 어떤 영향을 주는지에 관한 연구도 활발히 진행되고 있다. 높은 등급의 맛차일수록 그늘에서 재배된 시간이 더 길었던 만큼 중요 아미노산인 L-테아닌의 함유량도 더 풍부하다.

건강한 피부

맛차를 포함하여 녹차에는 폴리페놀이 함유되어 있어 있다. 앨라배마 대학교의 한 연구팀이 발표한 바에 따르면, 녹차의 폴리페놀 성분을 섭취하면 자외선으로 인한 피부의 손상을 억제할 수 있다고 한다. 자외선이 피부의 손상과 노화, 더 나아가 피부암까지 유발한다는 사실은 너무도 잘 알려져 있다. 연구에 따르면, 폴리페놀은 자외선으로 인한 피부 관련 질환을 예방하여 피부를 더 젊고 아름답게 유지하는 데 도움이 된다고 한다.

칼로리 연소

녹차의 성분이 사람의 몸에서 칼로리를 연소하여 열을 내는 현상과 운동 중에 지방이 산화되는 과정에 영향을 주는 효과에 관하여 수많은 과학적인 연구들이 진행되고 있다. 임상 실험의 결과는 아직 발표되지 않았지만, 녹차 추출물들은 오늘날 다양한 다이어트 보조제의 원료로 사용되고 있다. 맛차는 녹차 중에서도 가장 순수한 형태로서 최고의 음료라 할 수 있다.

▲ 그늘 아래서 맛차 가루가 될 찻잎을 살펴보고 있다.

루이스가 만난 사람

스기타 요시오杉田鶴吉. 일본에서 맛차를 생산하고 있는데, 맛차에 대하여 "이 세상에서 가장 독특하고 가치 있는 티"라고 소개한다. 일본 아이치현愛知縣 니시오시西尾市에서 맛차 전문업체인 아이야あいや를 운영하고 있다. 아이야는 1888년부터 맛차를 생산해 전 세계에 판매해 온 역사 깊은 회사이다.

산지
일본 아이치현 니시오시 근교.

해발고도
600m.

연간 생산량
약 123톤.

종사자 수
150명.

생산 티
맛차.

당신은 왜 티의 세계로 들어섰나요?

저희 일가가 티 사업에 종사해 온 지는 꽤 오래되었어요. 저는 사업가 집안에서 태어나 차나무를 재배하고 가공하여 티를 만드는 전 과정을 이른 나이부터 보고 배웠어요.

티 산업에 어떤 변화가 있었나요? 물론 생산자에게도 변화가 있었겠지요?

제 관점으로는 맛차는 티가 아니라 음식인 것 같아요. 찻잎을 통째로 먹잖아요. 맛차는 아시아의 여러 나라에서 다양한 음식의 식재료로 인기가 높은데, 미국과 유럽에서도 곧 맛차의 독특한 향미를 받아들이고 식재료로 사용할 것이라 봐요.

당신의 다원에서는 어떤 가공 과정을 하나요?

맛차는 덴차로 만들어요. 덴차는 녹차인데, 그늘에서 차나무를 재배한 뒤 찻잎을 찌고 덖어서 가루로 빻죠. 저희가 생산하는 맛차는 줄기는 빼고 오로지 찻잎만 갈아서 만든답니다. 분쇄는 청정실에서 이루어지는데, 이곳에서는 온도와 습도를 매우 조심스럽게 조절하고 공기도 필터를 통해 깨끗이 공급해요. 찻잎은 정말 작은 크기로 간답니다. 맛차 가루의 평균 크기는 5~10마이크미터인데, 여기서 1마이크로미터는 100만분의 1미터를 뜻하죠. 분쇄기 한 대로 맛차를 갈면, 한 시간에 30그램 정도 나와요.

티를 마시는 방법이 따로 있나요? 갓 우려낸 신선한 티만 마시나요?

순수 녹차를 차완에 담아 마시고, 티백은 절대 사용하지 않아요. 품질이 좋은 티만 마셔요.

좋아하는 티가 있다면? 직접 생산한 티만 마시나요?

네, 그냥 하루에 세 번 맛차를 한 사발씩 마시고 있어요.

티의 어떤 점이 좋은가요?

티는 건강에도 물론 좋고, 부작용도 없어요. 제 생각에 일본 녹차는 대부분 품질이 좋다고 봐요. 일본에서는 녹차를 지속 가능한 방식으로 생산하면서 노동자들에게도 임금을 합당하게 지불하고 있기 때문이죠. 녹차는 그 맛이 매우 섬세하고 영양적인 가치도 뛰어나답니다.

◀ 분쇄하기 전의 덴차 잎.

전통 방식으로 티를 우리기 전의
곱게 간 맛차 가루.

우롱차 | 烏龍茶·Oolong tea

티 여부	카멜리아 시넨시스 종의 찻잎으로 만든 티.
주산지	중국 광둥성, 푸젠성, 타이완.
향미	풍부한 과일 향에서 섬세한 꽃 향까지 다양하다.
우리는 시간	3분.
음용 방식	우유를 넣지 않고 뜨겁게.
특이 사항	가공 방식이 독특함.

우롱차는 중국 푸젠성과 광둥성廣東省에서 유래한 티이다. 요즘은 타이완에서 거의 전적으로 우롱차를 생산하는데, 그 산업의 규모가 꽤 크다. 우롱차를 '홍차와 녹차의 중간'이라고 하는 이유는 양쪽의 특징을 모두 갖췄기 때문이다. 녹차의 향미와 홍차의 강한 맛이 조화를 이룬다. 백차와는 달리 우롱차의 향미는 중후한

목재향에서부터 향긋한 꽃 향에 이르기까지 매우 다양하다. 찻잎을 산화시킨 뒤 다른 온도에서 유념하면 각기 독특한 향미를 풍긴다. 산화도는 10%(녹차에 가까움)에서 70%(홍차에 가까움)까지 다양한데, 중국에서는 진하고 중후한 느낌의 우롱차를 선호하는 경향이 있다. 우롱차의 가공 과정에 관해서는 98, 103페이지의 '찻잎의 긴 여정'을 참조하길 바란다.

일부에서는 선호하는 티가 있다는 것은 바람직하지 않다는 견해도 있다. 마치 자식을 편애하는 것과 같다는 것이다. 여기서는 대표적인 우롱차 두 가지를 소개한다. 동정우롱凍頂烏龍, Tung Ting oolong과 이산우롱梨山烏龍, Li Shan oolong이다.

동정 凍頂, Tung Ting(Dong Ding)

동정은 '얼어붙은 산봉우리'라는 뜻이다. 타이완의 한복판에 위치한 난터우현南投縣 지역에서 주로 생산되며, 수확은 4월, 6월, 9월, 11월로 1년에 네 번 이루어진다. 난터우현에서 생산되는 우롱차의 양은 타이완 우롱차 생산량의 절반 이상을 차지할 정도로 비중이 높다. 우롱차의 품질은 다소 유동적일 수도 있지만, 이곳 둥딩산凍頂山에서 생산되는 티는 정말 맛있다. 매우 단단히 뭉쳐진 찻잎에서는 단맛과 함께 꽃 향이 물씬 풍긴다. 향미가 깊어 길게 지속되어 여러 차례 우려내 마실 수 있다.

이산 梨山, Li Shan

타이완의 타이중현台中縣에서 생산되는 우롱차이다. 이곳의 산지는 해발고도가 1980m에 이른다. 리산산梨山은 '배나무 산'이라는 뜻인데, 이곳에는 배, 복숭아, 사과를 재배하는 곳이 많기 때문에 그렇게 이름이 붙었다. 해발고도가 높아 차나무가 매우 더디게 자라서 1년에 두 차례인 5월과 10월에 수확한다. 그 맛은 봄에 피는 꽃 향에 크림 향이 나면서 매우 환상적이다.

◀ 최고 품질의 우롱차.

산지
타이완 르웨탄호 인근.

해발고도
작은 다원이 300m인 반면, 큰 다원은 1100m이다.

연간 생산량
계절마다 생산량이 다르다.

종사자 수
보통 3~4명. 수확기에는 50명까지도 작업한다.

생산 티
동정, 공부홍차(루비 티ruby tea라고도 한다).

루이스가 만난 사람

우롱차 생산자 림잉주Lim Ying Jiu. 그의 다원은 위츠향魚池鄉에서 도보로 30분 거리에 있으며, 타이완 최대의 담수호인 르웨탄호日月潭湖와는 매우 가깝다. 두 곳의 다원을 운영하고 있다. 작은 것은 2헥타르 면적의 유기농 다원이며, 산지에 있는 큰 것은 6헥타르 면적으로 아직 유기농 인증을 받지 못했다.

당신의 다원은 어떤 곳인가요?

저희 다원은 산지에 있어요. 녹색의 광경이 펼쳐지는 그림과도 같은 곳이죠. 다원의 정상부에서는 르웨탄호도 보여요. 앞으로는 재배를 더 늘려 나갈 계획이에요.

당신은 왜 티의 세계로 들어섰나요?

저희 가족은 다년간 우롱차를 생산해 왔어요. 4년 전부터는 제 혼자 독립하여 차나무를 재배하기로 결심했어요. 티에 관한 전반적인 지식은 티 마스터인 아오인네스Aoenes 스승으로부터 배웠어요. 타이완에서 홍차의 대중화에 힘쓴 분이죠. 새로운 품종의 차나무로 생산 방식을 달리하는 실험도 진행해 보았어요.

이곳 티의 훌륭한 점으로는 무엇이 있나요? 있다면 그 이유가 뭔가요?

유기농 미생물 비료를 사용해요. 유기농 물질을 식물에게 더 유용한 형태로 바꾸어 주고, 나중에는 흙에서 분해되죠. 이곳의 공기는 무덥고 습하며 비도 자주 와요. 인도 아삼 지역의 기후와 비슷해요. 차이점이 있다면, 아삼 품종과 타이완 품종이 접목되어 찻빛이 훨씬 더 밝고 붉은 색상을 띠는 점이죠.

티 산업에 어떤 변화가 있었나요? 물론 생산자에게도 변화가 있었겠지요?

타이완에서 티 산업은 전통적으로 수출 기반이었어요. 요즘은 글로벌 경쟁이 심화되면서 티 수출은 줄어드는 상황이죠. 차나무의 재배 비용도 점점 상승하고 있어요. 이제는 젊은 사람들을 다원에서 찾아보기도 힘들어요. 차나무를 재배하는 사람으로서 티는 제 삶과도 같아요. 이 난관을 헤쳐 나가는 수밖에 없죠.

당신의 다원에서는 어떤 가공 과정을 하나요?

찻잎의 위조 과정에 공기역학적인 방식을 도입하는 등 여러 혁신적인 방식들을 시도해 보았지만, 결국에는 전통 방식을 고집하게 되더

라고요. 제 자신이 품질이 높은 티를 좋아하기 때문에 가공 공장을 가족 단위의 소규모로 운영해요.

다원에서 당신의 일과는 어떤가요?

수확기가 아니면 딱히 할 일이 없어요. 하루에 세 번 정도 다원으로 나가서 차나무에 물을 대거나 잡초를 제거하는 정도죠. 수확기가 되면 30~40명 정도의 인부를 고용해 찻잎을 따고, 4~8명을 추가로 고용해 티를 가공한답니다. 찻잎을 따는 사람들은 오전 7시부터 오후 3시까지 비가 오지 않는 한 계속 일해요. 생산량으로 치면 일 년에 1000~1200kg 정도랍니다. 딴 찻잎의 한 회분이 들어오면 가공이 시작되는데, 오전 8시에서 다음 날 오후 6시까지 이어져요. 찻잎의 위조 과정은 12~16시간이 걸리고, 찻잎을 비틀고 꼬는 유념 과정에는 10~12시간이 걸려요. 티 1kg을 만드는 데 찻잎 5kg 정도가 필요해요.

그러면 가공 과정이 한 번 진행되는 데 7~8일이 걸린다는 얘기인데, 정말 피곤하겠어요. 다원에서 벗어날 때도 있나요?

거의 농장에서 살다시피 해요. 일 때문에 휴가는 꿈도 못 꿔요.

좋아하는 티가 있다면? 직접 생산한 티만 마시나요?

제가 직접 만든 티인 르웨탄호 블랙 루비日月潭湖 black ruby를 좋아해요. 거의 제가 만든 티를 마시고, 가끔은 다른 것들도 마셔요.

티를 어떻게 마시나요?

저는 언제 어디서나 티를 천천히 마시는 것을 좋아하죠. 잘 숙성된 발효 티도 물론 좋아한답니다.

티의 어떤 점이 좋은가요?

티의 섬세함, 온화함, 차분함, 신선한 맛을 사랑해요. 또 차분하게 하는 성질과 선禪적인 특질도 좋아해요.

보이차 | 普洱茶 · Pu-erh tea

티 여부　카멜리아 시넨시스 종의 찻잎으로 만든 티.
주산지　중국 푸얼시.
향미　흙 향, 강한 맛, 부드러운 맛.
우리는 시간　3분.
음용 방식　우유를 넣지 않고 뜨겁게.
특이 사항　역사가 오래되었고, 발효 과정에도 시간이 오래 걸린다.

보이차는 중국 티 중에서도 가장 오래된 티로 그 기원은 당나라 시대 618~907로 거슬러 올라간다. 이 티의 이름은 중국 남서부에 위치한 윈난성雲南省의 푸얼시普洱市라는 고장의 이름에서 유래되었다. 보이차가 점차 티 무역에서 허브 역할을 하면서 그 고장에서 거래되는 모든 티에 보이차라는 이름이 붙게 되었다.

과거에는 티를 운송하던 수단이 주로 말이었다. 따라서 티를 말에 싣기에 적당한 형태로 포장해야 했고, 길고 긴 운송 시간 동안 손상되지 않도록 가공해야만 했다. 푸얼시는 특수한 가공 방법을 고안해 시간이 오래 지날수록 티의 품질이 향상되도록 만들었다. 바로 티를 압착하여 '떡'의 형태(왼쪽 사진 참조)로 만드는 '긴압緊壓'과정으로 산화 속도를 현저히 낮출 수 있었다. 보이차는 성격이 급한 사람들과는 맞지 않는다. 보이차의 향미가 완전히 숙성되는 데는 30년이 걸리기 때문이다. 발효되는 데도 오래 걸려 10년에서 50년까지 보관할 수 있다. 보이차를 생산하는 차나무의 품종은 운남대엽雲南大葉, Yunnan Da Ye 이며, 푸얼시 인근의 산지에서 4월에 찻잎을 수확한다.

▲ 포장을 뜯은 보이차.

▲ 포장하여 겹쳐 쌓아올린 보이차.

생차 또는 숙차?

여기에서 생것이냐, 숙성한 것이냐는 스테이크나 횟감을 이야기하는 것이 아니다. 바로 티에 관한 것이다. 보이차는 수요는 많지만 발효 과정이 너무도 오래 걸려 공급이 적었고, 따라서 가격이 매우 높았다. 중국의 티 산업계에서는 새로운 종류의 보이차를 개발하였는데, 바로 '보이숙차普洱熟茶, shou pu-erh'이다. '숙熟'은 문자 그대로 '숙성시켰다'는 뜻이다. 숙성되기 전의 원래 보이차는 구분을 위해 이름에 '생生'을 붙였다. '보이생차普洱生茶, sheng pu-erh'가 숙성 발효되는 데 10~15년이 걸리는 것과 달리, 보이숙차는 45~60일이면 숙성이 끝난다. 십수 년간 기다리지 않고도 바로 마실 수 있도록 만들어 보이차에 대한 사람들의 수요를 충족시킬 수 있게 되었다! 이제는 보이차를 다년간 기다리지 않고도 마실 수 있다.

보이차는 녹차와 유사한 방법으로 찻잎을 가공하지만(98페이지 참조) 초청 작업을 하지는 않는다. 대신에 그대로 두어 아주 천천히 발효되기를 기다린다. 요약하면,

- 보이생차는 집에 두고 계속 발효시킨다. 시간이 지날수록 맛이 좋아진다.
- 보이숙차는 건조시켜 발효를 중단시킨 상태여서 곧바로 마실 수 있다.

찻잎이 '떡' 의 모양으로 압착되기 전에 전통적으로 상표 또는 내비內飛 라 불리는 종이 한 장을 찻잎 위에 올려 두고 압착한다. 내비에는 차나무의 재배지와 가공 장소에 관한 정보가 기재되어 있다. 또한 '떡' 모양은 그냥 둥근 것이 아니라, 평평한 원반의 형태로 중국에서는 행운을 상징한다. 압착할 때는 벽돌에서 둥지, 버섯, 돼지 모양까지 다양한 모양으로 압착할 수 있다. 보이차는 전통적으로 선물로 교환되고 있다.

홍차 | 紅茶 · black tea

티 여부	카멜리아 시넨시스 종의 찻잎으로 만든 티.
주산지	인도, 스리랑카, 중국, 아프리카.
향미	풍부한 향, 강하면서 입안을 가득 채우는 향.
우리는 시간	3분.
음용 방식	우유는 선택 사항이지만 뜨겁게, 레몬(또는 설탕)을 넣어 차갑게.
특이 사항	충분히 발효된 상태.

영국에서 홍차는 매우 흔하여 '일반적인 티'로 종종 다루어진다. 실제로는 일반적인 것과 거리가 멀기 때문에 그러한 인식에 부끄러운 줄 알아야 한다. 서양에서는 찻잎이 검어 '블랙 티'라고 하지만, 중국에서는 우려낸 티의 찻빛이 붉어 '홍차'라고 한다. 앞서 98~103페이지에서 본 것처럼, 홍차는 100% 산화된 티이다. 홍차는 오서독스 방식인지, CTC 방식인지 그 가공 방식에 따라 다양한 종류로 나뉜다(100페이지 참조). 오서독스 방식인 경우에는 큰 찻잎을 온전히 유지하면서 비튼 형태로 복합적이면서도 섬세한 향미가 나는 반면, CTC 방식인 경우에는 찻잎이 잘고 둥글며 색상이 짙고 강한 향미가 난다.

홍차의 주요 생산지로는 동아프리카와 남아시아 지역이 있다. 이 지역에서는 매우 다양한 종류의 홍차들이 생산되는데, 인도에서는 다르질링Darjeeling과 아삼Assam이 대표적인 산지이다. 또 유명한 지역으로 남아메리카의 아르헨티나가 있다. 이곳의 홍차는 매우 깨끗할 뿐 아니라 홍차 본연의 향미를 간직하고 있다. 찻빛이 밝고 향미도 순수하여 미국으로 수출되어 아이스티의 재료로 사용된다.

홍차의 생산 과정은 매우 신속히 진행된다. 찻잎을 따서 분류하는 작업까지 전 과정이

티 등급의 기본
(여기서는 홍차의 등급에 사용하는 기본 용어)

브로큰(Broken, B)
큰 찻잎, 부스러지거나 잘려서 크기가 다양하다. 잎차로 주로 사용된다.

패닝(Fannings, F)
중간 크기의 찻잎, 1mm 이하의 작은 찻잎은 주로 티백 재료로 사용된다.

더스트(Dust, D)
작은 찻잎, 강한 향미를 지니고 오직 티백의 재료로만 사용된다.

하루 안에 끝난다. 이와 같이 공장이 자동화되어 있는 반면, 좋은 티를 만들 수 있는 기술은 전문가 집단에 집중되어 있다. 티의 세계에서는 그와 같은 기술을 공유하기 위해 노력을 기울여야 한다. 세계 곳곳에는 티마스터들을 통해 대대로 전승되는 독특한 유형의 가공 방식들이 매우 많다!

티 등급의 기본 익히기

티를 접하다 보면, 밝은 색상을 띠고 온전한 모양을 지닌 최상품에서부터 강하고 어두운 색상을 띠며 가루 입자로 된 것까지 다양한 등급들을 볼 수 있다. 티 업계에서는 티를 유형별로 정리하기 위하여 그들의 세계에서 통용할 수 있는 전문 용어들을 만들어 왔다. 그 전문 용어들은 세계 공통적인 것은 아니며, 지역마다 매우 다양하다. 그러나 홍차 등급에 관해서는 오서독스 방식인지, CTC 방식인지 간에 사용되는 매우 기본적인 용어들이 있는데, 위쪽 박스에서 간략히 소개하였다.

▶ 스리랑카의 누와라엘리야 Nuwara-Eliya 지역에 있는 멜포트Melfort 가공 공장에서 출고를 기다리는 홍차 꾸러미.

티애호가의 조언

티에 관한 지식으로 사람들에게 한껏 뽐을 내고 싶다면, 이런 표현은 또 어떨까? "나는 TGFOP만 마셔." 이는 티피tippy, 골든 golden, 플라워리flowery, 오렌지 피코orange pekoe의 약어로 홍차 중에서도 최고 등급을 의미한다. CTC 방식의 티를 분류하는 용어는 오서독스 방식의 티를 분류하는 용어보다 다소 간단하다. 이 페이지에서는 CTC 방식의 등급을, 오른쪽 페이지에서는 오서독스 방식의 등급을 소개한다. 여기서는 주요 사항만 소개한다.

CTC 방식의 티에 관한 주요 등급

브로큰 피코 / Broken Pekoe 1

전체 생산량의 12~14%를 차지한다. 찻잎이 가장 큰 크기이다.
우려낸 티는 밝은 색상을 띠고 강한 향미를 풍긴다.

피코 패닝 / Pekoe Fannings 1

전체 생산량에서 가장 큰 비중인 58~60%를 차지한다.
BP1보다 크기가 다소 작고 색상이 검은 찻잎들로 이루어져 있다.

피코 더스트 / Pekoe Dust

전체 생산량의 10~12% 차지한다.
PF1보다 크기가 작고 색상이 검은 찻잎들로, 찻빛이 진하고 향도 매우 풍부하다.

더스트 / Dust 1

전체 생산량의 4~6% 차지한다. 찻잎의 크기가 가장 작다.
우려낸 티는 맛이 매우 강한 것이 특징이다.

하위 분류
(2차 등급으로 알려져 있다):

더스트 / Dust

브로큰 등급인 찻잎의 작은 파편들로
매우 강한 맛의 티를 우릴 때 사용된다.

브로큰 믹스트 패닝 / Broken Mixed Fannings

브로큰 등급과 패닝 등급이 혼재. 그 모습으로 인해 '매트리스 파이버(mat-tress fiber)'라고도 한다. 홍차로 보기 어려울 정도로 작은 섬유성의 입자.

오서독스 방식의 홍차

티 관계자들은 머리글자를 배열하여 서로 다른 홍차의 등급과 특징을 설명한다. 오서독스 방식의 티나 CTC 방식의 티나 모두 같은 방법으로 등급을 표기한다. 아시아나 인도의 홍차는 오서독스 방식의 표기 방식을 따르는 경향이 많다. 어떤 약어가 좋은 등급의 티일까? 한마디로 말해 약어가 길수록 보다 더 훌륭한 특징이 있지만, 그렇지 않은 경우도 있다.

'피코' 또는 '페코'라고도 한다. 중국어로는 '하얀 잔털'을 뜻하며, 어린 찻잎의 특징을 지칭한다. 피코와 오렌지 피코는 모두 티의 등급 용어이다.

부서지거나 잘려 크기가 작은 찻잎.

GFBOP
Golden Flowery Broken Orange
아삼에서 주로 생산되는 등급의 티.

GBOP
Golden Broken Orange Pekoe
두 번째로 선별되는 티이다. 잎눈이 거의 없다.

BP AND OP
Broken Pekoe and Orange Pekoe
인도네시아, 스리랑카, 인도 남부에서 생산한 심하게 부서진 흑갈색의 홍차. 가늘고 길면서 목재향이 난다.

GFOP
Golden Flowery Orange Pekoe
티피 티를 생산하는 케냐 다원에서 주로 볼 수 있는 상위 등급의 티.

BOP
Broken Orange Pekoe
찻잎의 밀도가 균일하고, 우리면 찻빛이 빨리 퍼진다. 스리랑카, 남인도, 자바, 중국에서 생산되는 브로큰 등급의 대표적인 티.

TGBOP
Tippy Golden Broken Orange Pekoe
다르질링과 아삼에서 생산되는 브로큰 등급 중에서도 가장 좋은 티. 새싹들이 풍부하다.

FOP
Flowery Orange Pekoe
인도 잎차의 일반적인 등급.

BPS
Broken Pekoe Souchong
아삼 및 다르질링에서 생산되는 진주 모양의 찻잎.

FBOP
Flowery Broken Orange Pekoe
아삼, 인도네시아, 중국, 방글라데시에서 생산한다. 새싹이 소량으로 들어 있는 거친 브로큰 등급의 찻잎.

TGFOP
Tippy Golden Flowery Orange Pekoe
다르질링과 아삼 지역에서 주로 생산하는 등급.

OP SUP
Orange Pekoe Superior
인도네시아에서 주로 생산된다. 새싹이 약간 들어 있다.

TIPPY
오직 인도네시아에서만 생산된다.

SFTGFOP1
Special Finest Tippy Golden Flowery Orange Pekoe 1
굉장히 훌륭한 등급의 티이다.

FTGFOP1
Finest Tippy Golden Flowery Orange Pekoe 1
주로 다르질링에서 생산되고, 일부는 아삼 지방에서도 생산되는 상위 등급의 티.

티 애호가들만의 주장이 아니라, 일반적으로 그렇다.

밝은 색상으로 금색을 띠는 새싹(어린 잎끝, 부드럽고 여린 잎눈). 티로 우릴 때 찻빛에는 영향을 주지 않는다.

☕ 티 한 잔의 이야기
이상하게 들릴지 모르겠지만, 오렌지 피코Orange Pekoe의 '오렌지Orange'는 찻잎의 색상을 뜻하는 것이 아니다. 유럽으로 처음 티를 수입했던 네덜란드 왕가인 오라녀-나사우Oranje-Nassau를 뜻한다.

인도의 티

우리가 잘 알고 있는 것처럼, 인도에서 홍차 생산량이 가장 많은 지역은 다르질링과 아삼이다. 여기에 더해 잘 알려지지 않은 한 곳이 있는데, 바로 닐기리Nilgiri이다.

다르질링

다르질링의 구릉 도시 주위로는 약 80여 곳의 다원과 재배 지구가 녹색으로 뒤덮여 먼 곳까지 끝없이 펼쳐진다. 다르질링 지역은 인도 서벵골 주의 히말라야 산맥 기슭에 있어 해발고도가 2000m나 되며, 수시로 끼는 안개 사이로 드러나는 거대한 산지의 풍경은 장관을 이룬다.

높은 해발고도와 차가운 기온 등 생육 조건이 극한적인 곳에서 자라는 차나무와 전문적인 생산 기술이 결합하면서 놀라운 티가 탄생할 수 있었다. 다르질링 지역은 세계에서도 가장 좋은 티들이 생산되는 곳이다. 그리고 다르질링 티는 프랑스의 샴페인이 명성을 드날리듯, 티 중에서도 단연 으뜸이라고 할 수 있다. 실제로도 그렇게 평가되고 있으며, 오직 다르질링 지역에서 생산된 티에만 다르질링이라는 원산지명을 붙일 수 있다(지리적 표시제).

다르질링 티에서는 강하고 중후한 향미를 지닌 흑갈색의 찻잎에서부터 가볍고 산뜻한 향미를 지닌 연녹색의 찻잎까지 다양한 특징들을 볼 수 있다. 그 어느 경우에도 우유를 넣지 않고 마시는 것이 가장 좋다. 꽃 향이 나는 디저트 와인을 좋아하는 사람에게는 3월에 다르질링 지역에서 찾아볼 수 있는 무스카텔 티muscatel tea를 추천한다.

▲갓 딴 신선한 찻잎을 손에 들고 있는 모습.

다르질링 플러시

다르질링 티는 네 번 수확하며, 수확기에 따라 향미의 특징이 달라진다.
플러시flush는 새싹과 찻잎이 왕성하게 돋아나는 성장의 수확기를 뜻한다.

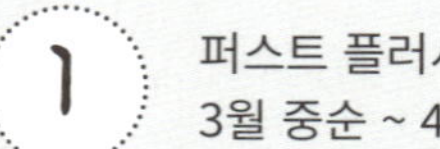

1 퍼스트 플러시
3월 중순 ~ 4월 말 / 5월

맛과 모양 : 떫고 날카로운 맛을 낸다. 겨울에 휴면기에 들었던 차나무가 봄에 피우는 새싹은 최고로 부드럽다. 색상은 짙은 녹색이다.

2 세컨드 플러시
5월~6월

맛과 모양 : 찻잎이 빠르게 성장하여 맛이 강하고 당도가 있다. 무스카텔 향미의 티도 이 수확기에 난다.

3 몬순 플러시
7월~10월

맛과 모양 : 비가 자주 내려 차나무가 빠르게 성장하는 반면, 티 향미의 세기와 복합성은 약해진다.

4 오텀 플러시
10월 ~ 11월

맛과 모양 : 비가 거의 내리지 않고 기온이 낮아 차나무의 성장 속도가 느리다. 찻잎의 모양은 퍼스트 플러시의 것과 비슷하다.

124

다르질링 지역의 가파른 언덕에 위치한
툭바르Tukvar 다원.

루이스가 만난 사람

산자이 반살Sanjay Bansal. 티를 위해 태어난 사람이다. 지금은 유명 티업체인 암보티아Ambootia 그룹의 회장으로 해피 밸리 다원Happy Valley Tea Estate를 소유하고 있다. 해피 밸리 다원은 다르질링시에서도 유일한 재배 지구이다. 웅장한 히말라야 산맥의 동쪽 산비탈을 가로지르는 구름 사이에 자리를 잡고 있다.

 **산지**
인도 서벵골 주 다르질링.

 **해발고도**
2070m.

 **연간 생산량**
44톤.

 **종사자 수**
276명.

 **생산 티**
오서독스 방식의 홍차, 녹차 ,백차, 기타.

당신의 다원은 어떤 곳인가요?

해피 밸리 다원은 다르질링 시내에 있어요. 그래서 각종 시설에도 쉽게 접근할 수 있죠. 공항과 기차역에서는 차량으로 3시간 거리에요.

해피 밸리 다원은 해발고도 2000m 이상인 곳에 위치해 있어 다르질링 지역의 전경을 한눈에 볼 수 있고, 177헥타르에 이르는 땅은 산과 나무로 둘러싸여 있죠. 이곳에서 생산되는 티는 해발고도, 토양, 기후 등 지형적인 조건에 영향을 받아 그 향미가 매우 독특합니다. 장엄한 칸첸중가산Mt. Kanchenjunga에 인접하여, 이 작고도 별난 다르질링시의 매력적인 전경을 바라보는 데 매우 유리한 고지에 있어요.

다원의 역사는 꽤 오래되었어요. 데이비드 윌슨David Wilson이라는 영국인이 1854년에 자신의 이름을 따 윌슨 다원을 세워 1860년대 초까지 티를 생산하였죠. 1903년에는 타라파다 바네르지Tarapada Banerjee라는 이름의 인도인 사입Sahib(나리라는 뜻의 호칭)이 다원을 인수하여 1929년에 자신이 인근에 이미 소유하고 있던 다원과 합병하면서 지금의 해피 밸리 다원이 형성되었어요. 그러나 애석하게도 불경기가 겹쳐 2000년경에 소유자가 다원을 내놓았답니다. 그 후로도 해피 밸리 다원은 유리한 기후 조건에도 불구하고 여러 해 동안 작황이 좋지 않았죠. 전염병이 인도 전역을 휩쓸면서 해피 밸리 다원도 마찬가지로 피해를 입었는데, 설상가상으로 가난한 관리자와 노동자들이 분쟁을 일으켜 폭력 사태로 번지기 직전까지 가는 사태도 있었어요.

그러다 2007년 3월에 저희가 이곳을 인수하였어요. 곧바로 차나무의 재배와 가공 과정에 훌륭한 방식들을 채택하여 보강하였지요. 유기농법과 생명공학적인 시스템을 도입하여 지금은 국제 품질 표준과 식품 안전 기준을 준수하고 있어요.

▼ 위에서 마을을 내려다본 모습

당신은 왜 티의 세계로 들어섰나요?

저는 암보티아 다원 인근에서 태어났어요. 3대째 차나무를 재배하고 있는데, 이제 티는 제 몸속에서 흐르는 일종의 피와도 같아요.

이곳 티의 훌륭한 점으로는 무엇이 있나요? 있다면 그 이유가 뭔가요?

모든 면에서 훌륭하다고 할 수 있어요. 다르질링 티는 인도의 문화와 더불어 공동의 지적 유산에서 중요한 부분을 차지해요. 그리고 국제적으로 명성을 날리고 있어서 인도 경제에서도 매우 중요한 역할을 하고 있어요.

다르질링 티는 다르질링 지역 외에서는 결코 생산할 수가 없어요. 다르질링 티의 품질과 지명도, 그리고 특성은 본질적으로 산지의 지리적인 환경에서 나오거든요. 인도 고유의 지명이 표시된 '지리적 표시제'를 시행하는 상품이지요. 인도 서벵골 주에서도 다르질링 구역으로 엄격히

지정된 곳의 차나무에서 생산된 티만을 다르질링 티로 부를 수 있어요. 2011년 11월 9일에 다르질링 티는 유럽연합의 지리적 표시제로 보호를 받는 인도 최초의 상품이 되었는데, 지금은 인도 정부와 유럽연합으로부터 법적으로 보호를 받고 있지요. 일단 다르질링 티로 등록되면 진품이라는 내용이 보장될 뿐 아니라 소비자의 식별권도 궁극적으로 보호된답니다.

다르질링 티는 다른 어떤 곳에서도 흉내 낼 수 없는 매우 독특한 향미를 간직하고 있어서 '티의 여왕'이라고도 하지요. 찻빛은 황금빛이 감돌면서 밝은 색상으로 맑고 투명하답니다.

티 산업에 어떤 변화가 있었나요? 물론 생산자에게도 변화가 있었겠지요?

티 업계에서는 티의 품질을 높이는 방향에 초점을 맞추고 있어요. 그래서 저희는 고객의 목소리에 귀를 기울이고 있어요. 품질 문제에 관해서는 고객들이 더 잘 알고 있기 때문이죠. 고객들은 좋은 품질의 티를 좋아하지요. 나쁜 품질의 티를 누가 좋아하겠어요?

당신의 다원에서는 어떤 가공 과정을 하나요?

해피 밸리 다원에서는 오서독스 방식의 홍차, 백차, 스페셜티 티를 생산하고 있어요(오서독스 방식에 대해서는 100페이지 참조).

다원에서 당신의 일과는 어떤가요?

다원에서의 일과는 아침 일찍부터 시작해요. 아침 6시에 다원에 도착하여 30분간은 가공 공장에 들러 전날에 입고된 수확물의 상태가 어떤지 확인을 해요. 확인이 끝나면 수확 현장으로 가 적당한 장소에 자리를 잡고는 야외에서 아침을 먹어요. 이어 오후 1시의 점심 시간까지 다원을 둘러본답니다. 점심을 마치면 가공 공장에 다시 들러 아침에 가공된 티를 마셔요. 품질을 관리하기 위해서죠. 다음으로 찻잎에서 수분 함량을 줄이는 위조 과정이 진행되는 장소로 이동해 상태를 점검하지요. 오후 5시를 지나면 현재의 업무량과 앞으로의 일에 대하여 논의하기 위해 다원 관리 업무를 본답니다.

다원에서 떠날 때도 있나요?

저희 본사가 콜카타에 있기는 하지만, 2개월마다 한 번씩은 다원을 방문하여 티가 최상의 품질을 유지할 수 있도록 현장 작업이나 가공 과정에 대해 제안을 해요. 다원은 팀 단위로 관리하며, 팀은 관리자, 보조 관리자, 직원, 감독자로 구성되어 있어요.

좋아하는 티가 있다면? 직접 생산한 티만 마시나요?

매 수확기마다 생산된 티를 가장 좋아해요. 각 수확기마다 생산되는 티는 그 특징과 맛이 서로 다르거든요. 저는 직접 생산한 티에 중독되어 있다고나 할까요? 왜냐하면 최상의 티를 생산하니까요.

티를 마시는 방법이 따로 있나요? 갓 우려낸 신선한 티만 마시나요?

여행을 떠난 때를 제외하면 온종일 티를 마셔요. 매 수확기에 생산된 신선한 잎차를 우려내 마시죠. 좋아하는 티는 잘 보관하여 수확이 없는 겨울철에 마시기도 해요.

◀ 해피 밸리 다원에서 수확한 찻잎. 다르질링 티의 재료이다.

▼ 해피 밸리 다원에서 위조 과정이 진행되는 작업장.

아삼

다르질링 지역의 높은 산지에 위치한 다원과 달리 인도 북동부 아삼 지역(방글라데시와 미얀마와 접경)은 평지에 가까우며, 온화한 기후에 높은 강수량을 보인다. 인도에서는 시넨시스와 아사미카 품종에서 모두 티를 생산하지만, 두 품종의 차나무는 각기 다른 환경에서 재배한다. 시간이 흐르면서 재배인들은 시넨시스 품종은 높은 고도에서, 아사미카 품종은 평지나 평지보다 대략 300m 정도로 약간 높은 고도에서 잘 자란다는 사실을 발견하였다. 아삼 지역에는 5개의 국립공원이 있으며, 인도 코뿔소도 서식하고 있다!

아삼에서는 차나무들이 주로 브라마푸트라강 계곡 양쪽 가장자리에서 재배된다. 이 지역에는 800여 개의 다원이 있는데, 티 생산량이 전 세계에서 가장 많다. 이곳은 강우량이 풍부하고 해발고도가 낮고 토양이 매우 비옥하여 차나무를 재배하는 데 최적의 생육 조건을 갖추고 있는데, 아사미카 품종이 무성하게 자라고 있다(90페이지 참조). 조금 더 크고 거친 아사미카 품종의 찻잎으로는 CTC 방식뿐 아니라, 오서독스 방식으로도 티를 생산한다(100페이지 참조). 인도 아삼 지역에서 CTC 방식이나 오서독스 방식으로 생산한 티는 인도인들이 즐겨 마실 뿐 아니라 전 세계로도 수출되고 있다.

오서독스 방식으로 생산한 최상급의 아삼 티는 맥아의 복합적인 향미로 그 인기가 매우 높다. 반면 CTC 방식으로 생산한 아삼 티는 강하고 진하면서, 맥아 향을 풍기는 특징이 있다. 특히 향미가 '입안을 가득 채우는 진한 맛(144페이지 참조)'으로 묘사되는 CTC 방식의 아삼 티는 '영국의 티 문화'에서도 중요한 비중을 차지하고 있다. 영국인들은 보통 아삼 티 특유의 진하면서 맥아 향이 강한 맛을 좋아하기 때문이다.

 **티 한 잔의 이야기**

1950년대 이전에는 인도인들이 티를 거의 마시지 않았다. 그러나 오늘날의 인도인들은 국내 티 생산량의 약 80%를 소비하는데, 대부분 아삼 티와 다르질링 티이다!

닐기리

인도 남서부의 가장자리에 위치한 닐기리 산지(블루마운틴이라고도 한다)는 차나무를 재배하는면적이 2만 4280헥타르에 이른다. 이 지역은 인도에서도 가장 큰 재배 지역이다. 닐기리 지역은 우기가 두 번이나 있어 참으로 행운이다(일부에서는 불행이라고도 한다). 두 번의 우기로 인해 차나무는 일년 내내 왕성하게 자라며, 따라서 티의 생산도 연중 계속된다.

닐기리 산지의 고지대에서는 고품질의 티가 생산된다. 특히 소량으로 생산되는 티는 그 향미가 매우 훌륭한 것에서부터 티블렌딩에 사용되는 보통인 것에 이르기까지 매우 다양하다.

▼ 다원에서 일하는 여인들이 찻잎의 꾸러미를 옮기는 모습.

루이스가 만난 사람

코라쿤다 티 Korakundah Tea의 헤그데Hegde. 코라쿤다는 인도에서도 가장 높은 지대에 위치한 다원인데, 아마 세계에서도 가장 높은 곳일 것이다. 참라즈 Chamraj 다원의 자매 다원으로 닐기리 산지의 가공 수출 다원으로는 규모가 가장 크다.

산지
남인도 타밀나두Tamilnadu 주의 닐기리 산지.

해발고도
2285~2440m.

연간 생산량
600톤.

종사자 수
350명.

생산 티
유기농 녹차, 우롱차 등.

당신의 다원은 어떤 곳인가요?

코라쿤다는Korakundah는 닐기리다원연합United Nilgiri Tea Estates Company Limited의 자회사인데, 닐기리 산지에서 위치하면서 93년의 역사를 자랑하고 있어요. 곁으로는 호랑이 보호구역이 두 곳이나 있지요. 남인도의 구릉지와 기후적인 특성이 코라쿤다 티에 매우 이국적인 향미를 제공하지요. 코라쿤다는 인도 다원 중에서도 해발고도가 가장 높은데, 어쩌면 세계에서 가장 높을지도 몰라요.

당신은 왜 티의 세계로 들어섰나요?

이 다원에서 일한 지도 벌써 39년째로 접어들었어요. 하지만 지금도 다원과 티를 즐기고 있어요.

티 산업에 어떤 변화가 있었나요? 물론 생산자에게도 변화가 있었겠지요?

인도 식품안전표준국FSSAI, Food Safety and Standards Authority of India의 규정을 준수하면서부터 생산 기계 설비와 시스템을 교체하기 시작했어요. 젊은 세대들이 티를 음료로 마시면서 티의 소비도 늘어났어요. 오가닉 티는 세계 시장에서도 수요가 꽤 높아요.

당신의 다원에서는 어떤 가공 과정을 하나요?

코라쿤다 다원에서는 유기 농법만을 고수하지요. 특히 녹차와 홍차를 생산할 때는 오서독스 방식으로 가공하지요.

다원에서 당신의 일과는 어떤가요?

다원에서의 일과는 보통 전날에 생산한 티를 마시는 일로 시작해요. 다원의 차나무를 살피면서 그날그날 해야 할 일들을 검토하는 거죠.

좋아하는 티가 있다면? 직접 생산한 티만 마시나요?

프로스트 티frost tea요. 무스카텔 포도의 향미가 풍기는 게 일품이지요.

티를 마시는 방법이 따로 있나요? 갓 우려낸 신선한 티만 마시나요?

주로 녹차를 찻주전자에서 우려내 마시는데, 늘 한결같은 향미를 유지하려고 해요.

티의 어떤 점이 좋은가요?

이곳만의 독특 환경에서 자라는 차나무를 보고 있으면, 문득 티를 전 세계로 보내 수많은 사람들이 함께 누리게 할 수 있다는 생각이 들어서 좋아요.

스리랑카

그리 오래되지 않은 시기에 인도양의 이 섬에는 차나무를 비롯하여 아무것도 없었고, 다만 커피 농장만 있었을 뿐이었다. 그런데 19세기 말부터 스리랑카는 여러 이유들로 인해 재배 식물을 커피에서 티로 전환하였다. 그 뒤로 스리랑카는 계속하여 호황을 누리면서 지금은 세계 티 생산량 5위 안에 들 정도이다(96페이지 참조). 한편 스리랑카에서 생산하는 티는 실론 티 Ceylon tea라고도 한다. 실론이 스리랑카의 옛 국명이었던 이유로 티 무역에서는 아직까지도 통용되고 있는 것이다.

스리랑카의 다원 – 저지대에서 고지대까지

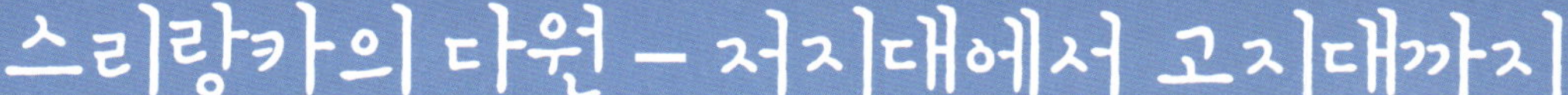

도서 국가인 스리랑카는 열대성 기후대에 속하여 찻잎을 일 년 내내 수확할 수 있다. 다원들은 섬 전역의 다양한 고도에 걸쳐 분포하여 결과적으로는 스리랑카의 홍차는 고도별로 분류할 수 있다.

누구나 예상할 수 있듯이, 차나무가 다른 고도에서 자라면 티 또한 다른 향미를 지닌다.

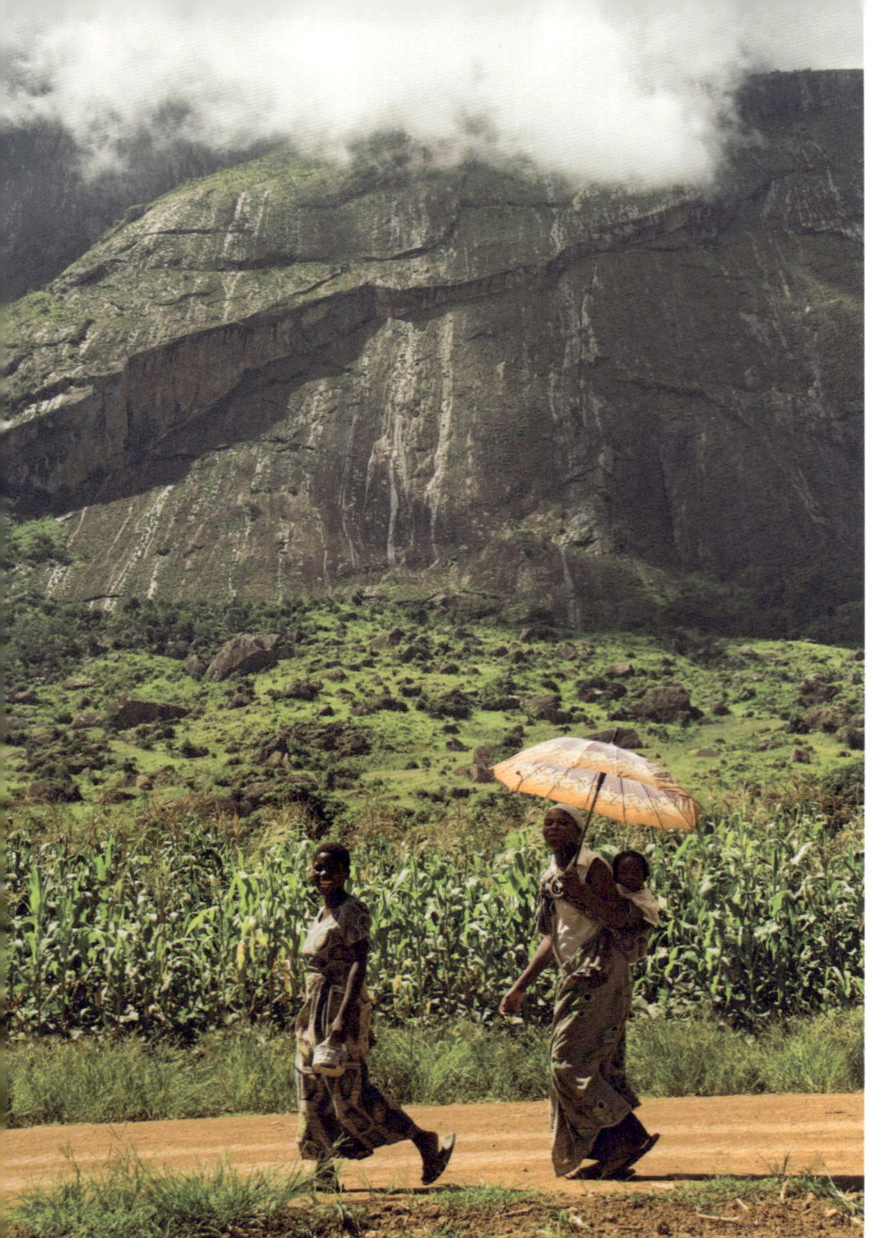

▲ 말라위 물란제 산지에서 마주친 사람들.

아프리카 티

아프리카에서 티를 생산한 역사는 100년 이상으로 오래되었지만, 티 업계의 일반적인 관점에서 홍차 생산을 보면 비교적 신흥국에 속한다. 아프리카 국가의 대부분은 아열대성 기후로 아사미카 품종을 재배한다. 대기업에서 넓은 대지의 다원을 소유하면서 티를 대량으로 생산하여 판매한다. 아프리카 동부에 대호수가 있는데, 이곳 기후의 영향으로 주요 티 생산지는 케냐, 말라위, 탄자니아, 부룬디, 르완다, 우간다, 모잠비크 등 모두 동아프리카에 집중되어 있다. 이들 지역에서는 대부분 CTC 방식으로 티를 생산한다(100페이지 참조). 남아프리카에서는 홍차를 비롯해 루이보스도 생산한다. 엄밀히 말하면, 루이보스는 티가 아니다.

케냐, 탄자니아

이 지역은 적도 기후대에 속하여 일 년 내내 차나무를 재배하여 찻잎을 수확할 수 있다. 다원들은 나이로비 서쪽에 집중되어 있는데, 특히 케리초Kericho를 중심으로 리프트밸리Rift Valley까지 이어진다. 북부의 건조한 환경과 달리 이 지역의 다원은 숲이 우거진 구릉지에 있으며, 해발고도도 1500m~2000m로 매우 높다. 케냐에서 다원에서 종사하는 사람들은 케냐 티개발부Kenyan Tea Development Agency 소속의 자영농에서부터 다수의 다원을 운영하는 대규모의 생산자에 이르기까지 그 범위가 매우 폭넓다. 케냐는 세계 3위의 티 생산국에 속하고, 티 생산량의 90% 이상을 수출하고 있다. 케냐에서는 밝은 노란색을 띠는 산뜻한 향미의 티뿐 아니라, 붉고 구릿빛이 도는 풍부한 향미의 티도 생산하고 있다.

말라위

말라위는 전 세계의 차나무를 재배하는 나라 중에서도 가장 아름다운 곳이다. 다원들은 인적이 드문 물란제Mulanje의 산기슭에 분포하고 있으며, 주로 개인 소유의 공장을 가진 생산자들이 티의 생산에서 가공까지 담당하고 있다. 찻잎의 수확은 여름철에 해당하는 10월부터 4월까지 이루어진다. 말라위 티는 찻빛이 진하고 붉다. 토마토 스프를 떠올려도 좋다! 수확한 찻잎의 대부분은 유럽의 대기업들이 수입하여 블렌딩 티의 재료로 사용하고 있다.

르완다, 부룬디

르완다에서 차나무는 해발고도 1900m~2500m의 고지대나 1550m~1800m의 배수가 좋은 습지에서 재배되고 있다. 이들 지역의 다원은 총 11개이다.
르완다와 브룬디의 산지에서 생산되는 티는 맑고 산뜻한 향미를 지니는데, 단일 다원의 티로는 유명하지는 않지만 분명히 추구할 가치가 충분히 있다.
브룬디에서 티는 커피 다음으로 두 번째로 큰 현금 작물로서 그 80%가 마을 농장에서 생산된다. 일 년 내내 수확한 찻잎으로 가공한 티는 6만 가구의 소득원이다.

산지
아프리카 르완다 서부.

해발고도
1700m~2200m.

연간 생산량
2590톤.

종사자 수
2342명, 남녀 성비율 동등.

생산 티
홍차.

루이스가 만난 사람

프푼다Pfunda 다원의 아마르 팔 싱그 샤우Amar Pal Singh Shaw. 프푼다 다원은 아프리카의 르완다에서도 으뜸가는 다원에 속한다. 니라공고 화산Nyiragongo volcano 아랫자락에 자리를 잡고 있다. 이 화산은 고릴라산mountain gorillas이 시작지인 비룽가 대산괴Virunga Massif의 화산 중 한 곳으로, 아래에는 콩고-나일 산마루Congo-Nile Crest로 알려진 지역에 키부호Kibu lake가 있다.

당신의 다원은 어떤 곳인가요?

프푼다 다원은 르완다의 수도 키갈리Kigali에서 차량으로 3시간 거리에 있어요. 계곡을 따라 구불구불한 길을 올라가면 산꼭대기에 다다르고, 용마루에 올라서면 수많은 산들이 눈앞에 펼쳐지지요. 이들 산지에는 '패치워크 퀼트patchwork quilt'(조각들을 붙여 누빈 이불이나 보자기)라고 불릴 만큼 여러 다원들이 밀집해 있는데, 모든 땅이 다원으로 전용되고 있어요.

당신은 왜 티의 세계로 들어섰나요?

저는 북인도에 있는 다르질링 지역의 다원에서 자랐어요. 당시 저희 가족은 티를 가공할 수 있는 설비를 갖추고 있어서 티 사업도 함께 하고 있었죠. 티는 직업이라기보다 제 인생의 길과도 같아요. 저와 아내, 아이들, 손자들까지 이곳의 자유분방한 분위기를 좋아한답니다. 도시의 번잡한 환경과는 잘 맞지 않아요. 프푼다 다원에서 있은 지는 벌써 10년이 넘었군요.

티 산업에 어떤 변화가 있었나요? 물론 생산자에게도 변화가 있었겠지요?

제 생각으로는 심각한 변화는 없었다고 봅니다.

당신의 다원에서는 어떤 가공 과정을 하나요?

프룬다 다원에서는 CTC 방식으로 티를 생산해요. 가공 과정은 매우 단순하지만, 세심한 주의가 필요하답니다. 위조 과정은 12~18시간 정도 걸리고, 찻잎은 로터베인rotorvane이나 CTC 방식으로 가공해요. 산화 과정은 주위의 온도에 따라 80~90분 정도 걸리죠.

다원에서 당신의 일과는 어떤가요?

새벽 5시면 공장이 가동돼요. 저는 7시경에 도착해 사무실로 가서 전날 기록을 검토하죠. 8시경에는 티를 한 잔 마시고 공장으로 이동해 작업자와 관련 부서장과 함께 차나무의 재배 및 유지 관리, 공장의 확장 계획 등에 대해 논의해요. 9시가 되면 아침을 먹기 위해 집으로 출발해요. 9시 30분이면 다원으로 나와 있다고 보면 돼요. 오후 1시 반쯤에 점심을 먹기 위해 집으로 갔다가, 오후 3시쯤에는 사무실로 돌아와요. 그리고 4시 30분에는 귀가한답니다.

좋아하는 티가 있다면? 직접 생산한 티만 마시나요?

저희 공장에서 갓 생산한 신선한 프푼다 티를 좋아하지요.

티를 마시는 방법이 따로 있나요? 갓 우려낸 신선한 티만 드시나요?

펀자브 지역의 시크교도인 자트Jat 족에서 유래된 방법인데, 물에 티와 우유를 넣고 끓여서 마셔요. 카르다몸이나 진저를 넣기도 하지요. 티 테이스터들이 권하는 방식은 아니라는 것을 알지만, 제 자신은 이렇게 마시는 것이 좋더라고요.

티의 어떤 점이 좋은가요?

티는 제 인생과도 같아요. 다른 것은 상상할 수도 없죠.

허브 티

티의 정의를 간단히 내리면 카멜리아 시넨시스 종의 찻잎을 가공하여 우려낸 음료이다. 그렇다면 '페퍼민트 티'나 '캐모마일 티'는 무슨 말일까? 이와 같은 것들은 엄밀히 말해서 '티가 아니라 티잰'이다.

아프리카 부시맨들은 수백 년 동안 루이보스를 마셨는데, 이들은 장수했을 뿐만 아니라 행복하게 살았다고 한다. 루이보스는 '붉은 관목'을 뜻하며, 붉은색은 산화 과정에서 나오는 것이다. 루이보스나무의 잎은 차나무와 마찬가지로 녹색이다.

심신을 안정시키는 루이보스 음료는 달고 견과류의 맛이 난다. 또한 천연적으로 카페인이 없고 타닌의 함유량도 적다. 51페이지에서 살펴보았듯이, 루이보스 음료는 남아프리카 중앙의 깊은 산자락에 위치한 세더버그 지역에서만 유일하게 자생하는 루이보스나무의 잎으로 만든다.

두통이 있을 때, 신경이 예민해졌을 때, 불면증에 시달릴 때에는 루이보스 음료를 마시는 것이 좋다. 또한 루이보스에는 페닐피레트산phenylpyretic acid이 들어 있어, 습진과 같은 피부 질환에도 효능이 있는 것으로 알려졌다. 이 밖에도 구리, 철분, 칼륨, 칼슘, 불소, 아연, 마그네슘, 알파히드록시산AHA, Alpha Hydroxy Acid 등 미량의 원소들이 풍부히 들어 있다. 알파히드록시산은 피부 미용에 좋은 효능이 있어 화장품의 재료로도 많이 사용되고 있다.

캐모마일은 수면 효능이 있는 약초 식물로 유명하여 사람들로부터 오랫동안 재배 허브로 인기를 누려 왔다. 이 식물은 사과 향과 같은 향긋한 향을 간직하여 그리스인들은 '땅에서 나는 사과'라는 뜻으로 '카말멜론Kamal-melon'이라 불렀다. 캐모마일 음료는 면역 체계를 강화하고, 소화 작용을 도우며, 신경을 안정시키는 등 그 효능이 매우 다양하다.

감초로 알려진 리코리스는 그 뿌리가 최대 9m까지 내리뻗는다. 이 식물은 유럽과 아시아에서 자생하는데, 특히 뿌리를 우려내 음료로 마신다.

허니부시 HONEYBUSH

허니부시는 루이보스나무와 같이 남아프리카에 자생하는 또 하나의 경이로운 식물이다. 이것의 꽃을 따 만든 음료는 루이보스 음료보다 약간 더 맛이 달다. 허니부시라는 이름은 노란색 꽃에서 독특한 꿀 향이 풍기는 데서 비롯되었다. 전통적으로 최고의 허니부시는 꽃이 갓 필 무렵에 수확하여 만든다. 허니부시에는 비타민 C, 칼륨, 칼슘, 마그네슘이 풍부하게 들어 있다. 타닌 함유량은 매우 낮고, 카페인은 아예 없다.

레몬그라스 LEMONGRASS

레몬그라스는 향긋한 카레를 만드는 데에도 사용하지만, 그 자체를 우려내 훌륭한 음료로도 만들 수 있다. 보통 요리의 재료로 레몬그라스를 한 잎, 두 잎 구입한 적이 있을 것이다. 이 여러해살이식물은 촘촘하게 자라고 잎이 길고 끝이 날카로운 것이 특징이며, 열대 기후나 아열대 기후의 밀림에서 자생한다. 레몬그라스는 보통 3~4년이면 다 자라는데, 3~5개월에 한 번씩 수확한다. 동남아시아, 인도 남부, 스리랑카, 중앙아프리카, 브라질, 과테말라, 미국, 서인도 등에서 자생하고 있다. 레몬그라스는 수백 년 전부터 그 효능이 잘 알려져 있었는데, 인도네시아, 말레이시아에서는 매우 널리 사용되었다. 보통 우울하거나 침체된 기분을 전환해 주고, 열을 내리는 효능이 있는 것으로 알려져 있다.

예르바 마테 YERBA MATE

예르바 마테는 감탕나뭇과Aquifoliaceae의 소형 상록수로 아르헨티나 북부, 파라과이, 우루과이, 브라질 남부의 열대 고원 지대에서 자생한다.

원래 예르바 마테이yer-ba-mat-hey라고 발음하지만, 친구라는 뜻의 '메이트mate'라고 불러도 상관은 없다.

예르바는 스페인어로 '허브'라는 뜻인 이에르바hierba가 변형된 것이며, 마테는 남아메리카 원주민인 케추아Quechua 족의 언어로 '컵(잔)'을 뜻하는 마티matui에서 왔다. 이 두 언어가 합성된 예르바 마테는 결국 '허브 한 잔'이라는 뜻이다.

남아메리카의 또 다른 원주민인 과라니 족은 병이 나면 가장 먼저 예르바 마테를 마셨다고 한다. 면역 체계를 촉진하고, 피를 맑게 정화하며, 피로를 줄여 주고, 식욕을 제어하며, 스트레스를 완화해 주고, 불면증을 해소한다고 믿고 있었기 때문이다.

요즘에는 마테 음료를 아카 코시도aka cocido라는 티백으로 우려내 마시지만, 예전에는 마찬가지로 마테라고 하는 조롱박(마테 잎을 담는 통도 마테라고 한다)에 봄빌라라는 빨대를 꽂아 마셨다.

페퍼민트 PEPPERMINT

페퍼민트가 소화 기능에 좋다는 사실은 매우 잘 알려져 있다. 고대 문화에서 의학적으로 가장 진보했던 고대 이집트에서는 페퍼민트를 재배하여 소화불량일 경우에 그 잎을 먹었다고 한다. 고대 로마와 그리스에서도 위 속이 안 좋을 경우에 페퍼민트를 섭취하였다고 한다. 페퍼민트 내의 활성 성분인 멘톨이라는 유기화합물은 피부에 닿거나 입안에 들어가면 매우 시원한 청량감을 선사한다. 대체 요법에서도 하루에 세 번 페퍼민트 음료를 입에 넣고 입안을 가시면 목에 매우 좋다고 한다.

티의 화학

티를 컵에 우려내 마시든지, 초록으로 번들거리며 빛나는 찻잎을 갈아 물에 타 먹든지 간에, 티는 매우 훌륭한 음료이다. 이것이 우리가 보통 티에 대해 알고 있는 전부이다. 만약 더 나아가 찻잎에 함유된 성분이라든지, 그 찻잎을 우려냈을 때 결과적으로 함유된 성분들에서 무슨 일들이 일어나지에 대해 궁금하다면, 다음의 '티의 화학'을 가이드로 삼아 보기를 바란다.

과학이 늘 그렇듯이, 사물을 매우 깊이 파고든다면 단순히 흑백 논리로 설명할 수 있는 것이 없을 것이다. 티의 화학도 마찬가지이다. 갓 따 낸 신선한 찻잎에는 수천 종류의 화합물이 함유되어 있지만, 차나무가 재배된 지역, 해발고도, 기후, 수확 시기, 찻잎을 딸 때 줄기 쪽을 따는지, 잎 쪽을 따는지 등 다양한 조건에 따라 그 화합물도 달라질 수 있다. 또한 화합물들은 찻잎이 가공 과정을 거치면서 변화하고, 뜨겁거나 끓는 물에 우러나면서도 변화한다.

티 테이스터 입장에서는 찻잎을 정확히 언제 따야 하는지, 위조 과정은 얼마나 진행해야 하는지, 산화도는 어느 정도로 유지해야 하는지, 찻잎의 유념 과정과 포장과 보관은 어떠해야 하는지는 티 마스터가 가장 잘 알기 때문에 티의 품질과 향미를 궁극적으로 결정한다고 볼 것이다. 즉 티 마스터가 티에 관한 최고의 만족을 선사할 것이라는 입장이다. 그러나 과학자라면 각 단계에서 찻잎의 어떤 화합물이 변화를 일으키고, 결과적으로 향미에 어떤 영향을 주는지 설명하려고 할 것이다. 양쪽 입장은 모두 맞을 것이다. 그러나 티 마스터의 지식을 겸비한 기계가 발명되기 전까지 우리는 티 테이스터의 입장을 따를 것이다.

과학적인 지식을 선호하는 사람들을 위하여 찻잎의 성분에 관한 가이드를 준비했다.

폴리페놀 // polyphenols

천연 화합물로 수렴성의 떫은맛을 지닌다. 녹차의 폴리페놀 성분은 보통 카테킨이라고 하는데, 에피갈로카테킨 갈레이트EGCG가 가장 많이 들어 있다. 티의 항산화적인 특성에 관한 수많은 과학적인 연구들이 오늘날에는 집중적으로 진행되고 있다.

아미노산 // amino acids

찻잎에 함유된 주요 아미노산은 L-테아닌이다. 찻잎은 L-테아닌을 함유한 몇 안 되는 작물에 속한다. 찻잎에 함유된 아미노산들은 대부분 햇빛을 받으면 폴리페놀로 변화한다. 햇빛을 더 많이 받으면 아미노산은 점점 더 줄고, 폴리페놀은 점점 더 많아진다. 따라서 그늘에서 재배한 찻잎으로 만든 맛차는 다른 티보다 아미노산의 함유량이 더 높다. L-테아닌이 뇌파 중 하나인 알파파의 활동을 촉진한다는 연구와 더불어 티를 마시면 카페인 성분으로 인해 각성 효과가 있다는 연구도 활발하게 진행되고 있다.

알칼로이드 // alkaloids

식물에서 천연적으로 생성되는 쓴맛의 화합물이다. 티에도 물론 카페인이 들어 있다. 일부는 카페인의 자극적 성분 때문에 티를 기피하기도 하고, 일부는 같은 이유로 선호하기도 한다.

효소 // enzymes

찻잎은 산화 과정에서 산화 효소가 작용하여 색상이 초록에서 갈색으로 변한다. 산화 작용이 일어나지 않도록 하면, 찻잎은 녹색을 그대로 유지한다. 결국 홍차와 녹차의 모든 차이는 산화 효소가 만드는 것이다. 우리 몸에도 효소가 있는데, 다양한 반응을 일으키는 화학 촉매제의 역할을 하여 각종 음식의 소화를 돕는다.

색소 // pigments

색소가 없다면 식물도 색상을 띠지 않아 세상은 결국에 단색이 될 것이다. 식물은 자체적으로 생성하는 화합물로 인해 그 색상이 결정되는데, 엽록소가 있으면 녹색을 띠고, 베타카로틴beta-carotene이 있으면 오렌지색을 띤다. 찻잎이 산화되면, 엽록소는 검은색 색소인 페오피틴pheophytin으로 변한다. 이 밖에도 찻잎에는 오렌지색을 띠는 색소인 카로틴carotene과 노란색을 띠는 색소인 크산토필xanthophyll이 있다.

탄수화물 // carbohydrate

식물은 에너지를 설탕과 녹말 등 탄수화물의 형태로 저장한다. 사람은 식물을 섭취한 뒤 탄수화물을 분해하여 에너지를 얻는다. 찻잎에서도 탄수화물은 산화 효소의 에너지원이다.

미네랄 // minerals

티에서는 최대 28종류의 미네랄 성분들이 검출되고 있다. 치아의 손상을 막아주는 플루오린이 대표적이다. 우리의 몸이 제대로 기능하는 데는 다양한 미네랄들이 필요하다.

휘발 성분 // volatiles

휘발 성분이 없다면, 음식도 맛과 향을 갖지 못할 것이다. 휘발 성분은 매우 가벼워 음식에서 매우 쉽게 증발된다. 만약 증발을 막지 않는다면, 시간이 흐르면서 휘발 성분은 음식에서 모두 사라질 것이다. 티에는 수천 종류의 향미와 방향성 성분들이 함유되어 있으며, 그중 상당한 수의 성분들이 가공 과정에서 생성된다. 이 성분들이 궁극적으로 티의 향미를 정확히 결정한다.

☕ 티 한 잔의 이야기

티는 '타닌산tannin acid'을 함유하고 있지 않다?! 타닌은 홍차에 함유된 폴리페놀을 이르는 옛 용어이다. 그렇게 이름이 붙은 것은 티가 마치 타닌산이 가죽을 무두질하면서 갈색으로 변화시키는 것과 같은 방식으로 물체를 얼룩지게 하는 것으로 생각되었기 때문이다. 오늘날에는 티나 와인이 입안에 떫은맛을 내는 효과를 기술할 때 사용한다. 그러나 이러한 효과를 내는 화합물의 정확한 이름인 폴리페놀로 부르는 것이 좋을 것 같다.

PART 4
티 음료
사진 : 중국 녹차 황산모봉.

티 테이스터라는 직업은?

전문 교육을 받은 티 테이스터는 아주 손에 꼽을 정도로 드물다. 만약 수십 년 경력의 티 테이스터가 종사하고 있는 티 업체가 있다면, 그 티 업체는 강한 자부심을 가질 것이다. 티 테이스터는 교육 과정에서도 하루에 보통 200~500잔 이상의 티를 마시고 뱉는다. 실제 현장에서는 몇 년에 걸쳐 보통 수천 잔의 티를 테이스팅한다. 또한 전 세계의 다원을 방문하여 직접 티를 구입하거나 경매를 통해 구입하기도 한다.

티 산업에 대해 알아보기

색맹이 아닌 이상 테이스팅 기술을 연마하면 누구나 티 테이스터가 될 수 있다. 물론 다양한 종류에 이르는 수백 잔의 티를 지속적으로 테이스팅하면서 자신의 미각을 단련시키는 것은 결코 쉬운 일만은 아니다. 티 테이스터라고 해서 항상 티를 마시고 뱉는 테이스팅만 하는 것도 아니다. 경매장, 중개인, 산지의 다원을 통해서 티를 구입하는 일도 도맡고 있다. 따라서 티 테이스터에게는 다원으로 떠나는 여행이 필수적인 업무이다. 현지의 수확기와 현재의 생산물을 파악하고, 생산자와의 관계를 두텁게 구축하는 일도 매우 중요하다. 이 과정에서 티 테이스터는 세계 곳곳을 떠돌며 극한의 오지나 뜻밖의 아름다운 곳들을 여행할 수도 있다. 물론 이러한 일은 무척이나 고단한 일이지만, 누군가는 꼭 해야 하는 일이다!

노엘 카워드 Noël Coward /
영국의 극작가, 감독, 배우, 가수

▼ 테이스팅 작업 중에 테이블 위에 펼쳐 놓은 다양한 티 샘플들.

▶ 1932년경에 영국의 티 거래소에서 테이스팅에 나선 사람들. 한쪽에 선 티 테이스터가 품평을 말하면, 맞은쪽에 선 동료는 그 품평을 한 자도 놓치지 않으려고 노트에 기록한다.

미각(미뢰)의 단련

일반인들이 스푼에 담긴 티를 슬러핑slurping을 통해
향미를 판별하고, 그 향미가 입안을 가득히 채우면서
길게 이어질지의 여부를 아는 데까지는 몇 주일의 시
간이 걸릴것이다. 슬러핑은 티를 입안에서 후르륵거
리면서 향미를 증폭시키는 테이스팅의 한 기법이다.
슬러핑에 이어 티를 입안에 굴리면서 목으로 넘기면
하나의 향미가 여러 갈래로 나뉠 것이다. 제일 처음으
로 느껴지는 향미는 바로 헤드 노트head note또는 톱 노
트top note라고 하는데, 티의 첫인상을 결정하여 머릿
속에서 즉각적으로 좋거나 나쁘거나 굉장하거나 등
으로 품질을 분류시킨다.
입안에서 티를 더 평가한다면, 그 티가 정말 등급에 맞
게 생산된 것인지, 아닌지도 판가름할 수 있다.

티 테이스팅 도구

큰 스푼, 북향의 풍부한 빛, 바퀴가 달린 양동이가 필요한 직업은 결코 많지 않을 것이다. 그러나 이 모든 것들은 전문 티 테이스터에게는 꼭 필요한 요소들이다. 스푼은 크고 평평하며, 수프를 떠먹는 스타일의 것이 슬러핑에 가장 적합하다. 테이스터가 슬러핑으로 티를 정확히 감별하기 위해 한 스푼 떠서 입으로 가져가면 다량의 산소도 함께 유입되면서 티의 향미가 코끝까지 전달된다. 풍부한 북향의 빛은 찻빛의 색상과 사발에서 C자형으로 반사되는 빛을 보는 데 가장 이상적이다. 바퀴가 달린 양동이는 타구 spittoon 라고도 하는데, 티를 테이스팅한 뒤에 뱉어 내기 위하여 사용된다. 티를 하루에 수백 잔이나 마실 수 있는 사람은 아무도 없기 때문이다.

이 세 가지의 도구를 갖추고 앞치마를 둘렀다면 이제 테이스팅을 시작할 준비가 된 것이다. 공간과 상황이 갖추어졌다면, 수많은 종류의 티를 일괄적으로 한꺼번에 테이스팅한다. 티 구입자나 티 테이스터는 경매장에서 미리 배포한 카탈로그에 나온 티를 테이스팅하면서 다가올 경매를 준비한다. 이러한 작업을 통해 티 테이스터는 경매에서 어떤 티를 구입할지, 입찰에 응할지의 여부를 판단해 그 범위를 좁혀 나갈 수 있다.

티 테이스팅 방법

앞에서도 이야기했지만, 티 테이스팅 방법으로는 슬러핑이 적극적으로 권장되며, 그러한 일에 적합한 특별한 스푼도 개발되어 있다. 누군가는 슬러핑을 잘하면 테이스팅도 잘할 수 있을 것으로 생각할 수 있지만, 완벽한 슬러핑으로 티를 테이스팅하는 일은 일정한 시간이 걸릴 뿐 아니라 훈련도 필요하다. 일반인들이 티 테이스팅에 나서면 티가 턱을 타고 흘러내리는 일이 많다. 따라서 반드시 앞치마를 둘러야 한다. 수프용처럼 생긴 큰 스푼을 사용할 경우에는 티를 떠 마실 때 숨을 깊이 들이쉬어야 한다. 큰소리의 슬러핑이 산소를 입안으로 유입시키면서 향미가 입안 전체로 퍼지는 것이다. 이때 향미는 90%가 후각을 통해 감지된다. 이 중 5가지의 기본 맛(단맛, 짠맛 신맛, 쓴맛, 감칠맛)은 혀의 미각을 통해 주로 감별되며, 티에 관한 첫인상도 결정된다.

티를 테이스팅하면 티의 향미뿐 아니라 입안을 가득히 감도는 티의 촉감도 느낄 수 있다. 티가 산뜻한지 중후한지, 물같이 맑은지 커스터드같이 걸쭉한지, 기름진지 깔끔한지, 맛이 텁텁한지 떫은지 등은 모두 티를 블렌딩할 때 중요한 요소들이다.

티의 시각적 평가, 핵심 3요소

먼저 건조된 찻잎과 우려낸 액상의 티를 눈으로 자세히 살펴보고 평가한다. 건조 찻잎의 모양이 어떤지, 크기는 작은지 큰지, 짧게 잘렸는지 길게 비틀렸는지, 줄기와 잎 또는 새싹이 있는지 등을 평가하면, 테이스팅에 앞서 그 티에 대해 어느 정도 미리 짐작할 수 있다.
일종의 '사전 시사회'라고 할 수 있다.
우려낸 티를 평가할 때는 세 가지의 항목에 유의하는데, 색상, 밝기, 투명도이다.

1 색상
가공 과정과 찻잎의 품질에 따라 편차가 매우 크다. 같은 지역에서 생산된 것이라도 색상이 판이하게 차이가 날 수 있다. 예를 들면, 같은 아프리카 티의 경우라도 진하고 중후한 느낌의 붉은색 티에서부터 밝고 산뜻한 느낌의 노란색 티까지 그 색상이 매우 다양하다.

2 밝기
문자 그대로 컵 상단에서 반사된 찻빛의 밝기를 의미한다. 영국인들은 일반적으로 밝은 호박색의 찻빛을 좋아한다.

3 투명도
티를 우렸을 때의 맑은 정도이다. 우유를 넣지 않고 마시는 녹차, 백차, 우롱차의 경우에는 특히 투명도가 중요하다. 뿌옇게 흐린 티를 좋아할 사람은 없다.

▲ 인도의 티 경매장에서 진행된 테이스팅.
각 티에는 숫자가 매겨져 있어 쉽게 살펴볼수 있다.

티 블렌딩

대부분의 티들은 여러 산지의 찻잎들로 블렌딩되어 있다. 간혹 한 산지(또는 다원)에서 수확한 찻잎만으로 생산한 **단일 다원의 티**도 있지만, 이는 극히 소수에 불과하다. 티 전문가인 티 테이스터는 티를 판별하고 등급을 분류하면서 **전문 용어**를 사용한다. 소비자들은 그 전문 용어를 통해서 티의 등급과 블렌딩의 과정을 알 수 있는 것이다(티 애호가들의 조언 122, 123페이지 참조).

찻잎은 너무도 **섬세하여** 주위의 냄새를 매우 쉽게 빨아들인다. 예를 들면, 주위에 모닥불이 있으면 찻잎에서 훈연향이 나고, 코코넛이 있으면 브라질 티에서도 **코코넛 향**이 나는 것이다. 이러한 찻잎을 블렌딩하면 어떤 특징들은 잘 드러나지 않는다. 그러나 일단 그 찻잎을 티로 우리면 그 숨은 특징들이 서서히 드러난다!

만약 당신이 다원으로 여행을 떠나 슬러핑을 배우고 티를 구입하였다면, 이제 티 테이스터로서 해야 할 일은 **티 블렌딩**만 남았다! 티 블렌딩의 기술은 티의 **맛과 향을 개발하여 균일하게 유지**하는 것이다. 특정 브랜드의 티를 정기적으로 구입하는 단골 고객들은 **매번 동일한 맛**을 찾는다. 그러나 모든 티는 생산할 때마다 그 맛이 약간씩 미묘하게 달라진다. 티 테이스터는 블렌딩을 통해 그 맛이 항상 동일하도록 절묘하게 조율한다. 이때 **등급**은 그 과정을 간소화시키는 데 큰 도움이 된다. 티를 포장하는 단계에 이르면 다시 한 번 등급이 매겨진다. 최종 블렌드는 수작업을 통해 진행되는데, 블렌드의 레시피가 제대로 준수되었는지 확인 작업을 거친 뒤 포장 작업을 끝으로 실제 생산품이 만들어진다.

전문가의 티 테이스팅 따라하기!

전문적인 티 테이스터가 되려면, 테이스팅을 위한 미각을 단련하고, 그 향미를 기술할 수 있는 용어를 개발하는 일이 필요하여, 최소 5년 이상의 시간이 걸린다. 이러한 연마의 과정을 거쳤을 때 비로소 티 테이스터는 최고의 향미를 지닌 티로 블렌딩할 수 있다. 여기서는 티 테이스팅에 관한 유익한 정보 몇 가지를 소개한다.

티의 특징과 모든 향미를 추출하는 작업에 제대로 착수하여 티를 일정한 세기로 우려내 테이스팅에 나서는 것도 중요하지만, 티를 올바른 순서대로 테이스팅하는 것도 매우 중요하다(아래 참조). 예를 들면 페퍼민트 티는 그 향이 강해 절대로 가장 먼저 테이스팅해서는 안 된다. 향이 매우 강한 나머지 그 다음의 테이스팅 작업에서도 필요한 미각을 죽일 수 있기 때문이다. 일반적으로 테이스팅 작업은 녹차, 백차, 홍차, 우롱차 등의 순수 티부터 진행한 뒤에 허브티를 진행한다.

외관 조사, 티의 모습이 어떻게 보이는가?

티의 모습을 살펴볼 때는 색상과 밝기를 본다. 백색의 도자기 컵이나 사발을 사용하여 색상을 도드라지게 한다. 밝기는 컵이나 사발의 상부 가장자리에 링 또는 C 모양으로 반사되는 빛을 통해 살펴본다.

슬러핑, 티의 맛과 느낌은 어떤가?

앞서 이야기하였듯이, 향미는 실제로 향과 맛의 혼합된 형태이다. 따라서 액상의 티를 들이마시면서 슬러핑을 하면 향은 코로 들어가 후각을 자극하고, 찻물은 혀에 돋아난 수천 개의 미각 세포(또는 미뢰)들을 자극한다. 오른쪽 페이지에 있는 티에 관한 다섯 용어들을 사용하여 티의 향미를 살펴보는 것도 좋다.

일단 티를 후루룩 마시면서 입안을 감돌며 퍼지는 느낌을 가만히 느껴 보라. 입안의 느낌을 설명할 때 '얼얼하다', '텁텁하다', '기름지다', '크림 같다' 등의 표현이 떠오를 것이다.

냄새 맡기, 티의 향은 어떤가?

티의 향은 맛과 매우 복잡하게 얽혀 있다. 따라서 티의 방향성 성분들을 들이마시면서 맡아 보는 일이 매우 중요하다. 그리고 향은 반드시 티를 슬러핑하기 전에 맡아 보아야 한다.

슬러핑 방법

넓고 평평한 수프용 스푼을 사용해 스푼 가득 티를 담아 입에 넣는다. 스푼을 입에 넣기 전 숨을 들이마시며 냄새를 맡고 입술을 오므려 후루룩 소리가 크게 나도록 마신다. 후루룩 소리가 클수록 좋다. 많은 양의 산소가 주입되어 테이스팅할 때 더 생동감 있게 맛을 느낄 수 있다.

뱉되, 삼키지 않는다

티의 온전한 맛을 보려면 티를 뱉어 내야 한다. 바로 삼켜 버리면 맛의 여러 부분을 놓칠 수 있다. 티 테이스터는 구멍이 달린 물통 모양의 타구라는 도구에 티를 뱉으면서 교육 중인 테이스터들에게도 그렇게 하도록 시킨다! 티 테이스터가 되기 전에는 모두 이런 과정을 거친다!

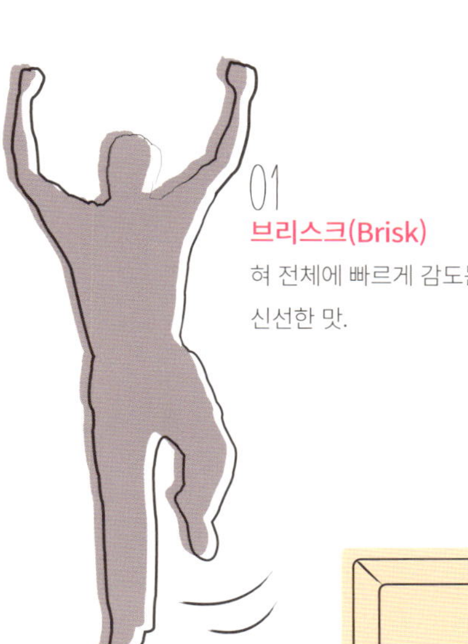

01
브리스크(Brisk)
혀 전체에 빠르게 감도는 신선한 맛.

02
토스티(Toasty)
살짝 태운 듯한 맛. 토스트와 같이 살짝 어두운 갈색!

03
고티(Goaty)
말 그대로 산양유 맛!

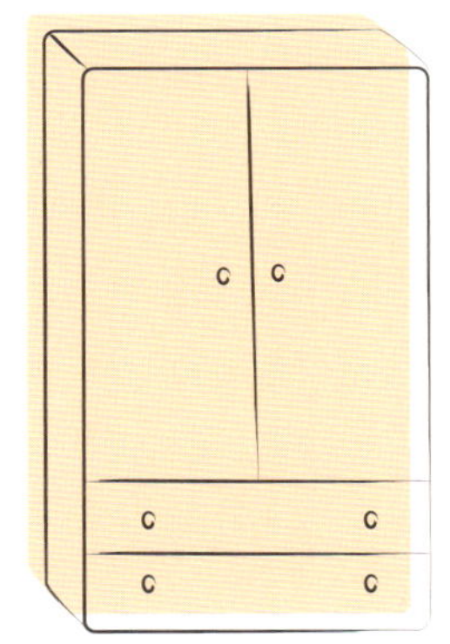

04
퍼스티(Fusty)
먼지 날리는 낡은 옷장이 생각나는 퀴퀴한 맛!

05
라즈베리(RJ)
라즈베리 잼 맛, 달달하다!

아름다운 다기

지금까지 살펴보았듯이 티는 찻잎의 크기가 모두 같지 않은 상품이다. 티는 매우 많은 유형이 있으며, 세계 곳곳에서는 수많은 상황에서 다양한 방식으로 그러한 티를 우려내 마시고 있다. 따라서 사람들이 티를 우려내 마시기 위해 다양한 다기 세트를 사용하는 것도 그리 놀라워 할 일은 아니다. 한 가지 공통점이 있다면, 사람마다 티를 우리는 좋아하는 방식이 있듯이, 각자 좋아하는 잔도 컵, 머그잔, 유리잔 등으로 매우 다양하다는 사실이다.

전 세계의 다양한 다기들
❶ 유리잔에 뜨거운 티를 담아 받침 접시에 놓은 모습.
❷ 사모바르에서 티를 따르고 있다.
❸ 유리잔에 담긴 민트 티.
❹ 본차이나 찻잔.
❺ 인도의 차이를 담은 점토 잔.
❻ 터키식의 찻주전자.
❼ 아르헨티나에서 마테 음료 전용으로 사용하는 봄빌라와 조롱박 용기.
❽ 주철 찻주전자.
❾ 머그잔에 담긴 티.

티를 우릴 때의 불변의 규칙

앞으로는 모든 사람들이 티를 마시기를 원하고, 티를 마시는 문화도 즐기기를 바란다. 지금부터는 티를 완벽하게 우리는 7가지의 기본 규칙을 소개한다. 물은 반드시 깨끗한 정수를 사용하고, 적당한 온도가 될 때까지 끓인다. 품질 좋은 티에 적당량의 물을 붓고 3분간 우려낸다. 기호에 따라 우유를 추가할 수도 있다. 이때 무엇보다도 중요한 일은 티를 즐겨야 한다는 사실이다!

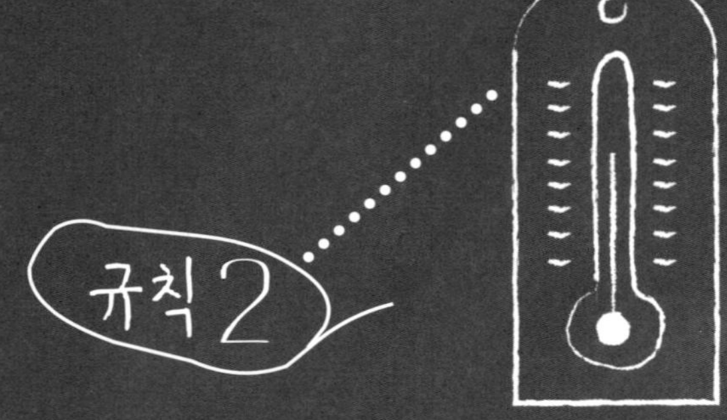

알맞은 온도로 물을 데운다

물의 온도는 너무 높아도 낮아도 안 되고 적당해야 한다. 영국의 전래 동화 「골디락스와 세 마리 곰, The Goldilocks and the 3 Bears Show」에서 금발 머리의 소녀인 골디락스가 아마 티를 좋아했다면, 티에 사용되는 물의 온도도 적당해야 할 것이라고 이야기했을 것이다. 그러한 물의 적당한 온도는 또한 어떤 티를 우리느냐에 따라 달라진다. 예를 들면, 홍차와 허브티는 100도의 끓는 물에 우려야 풍부한 향미를 제대로 느낄 수 있다. 반면 녹차, 백차, 우롱차는 뜨거운 물에 우리면 찻잎이 누렇게 변하고 섬세한 향미도 사라지기 때문에 온도 80도의 물에서 기술적으로 우려야 한다. 그런데 티를 우릴 때 실제로 온도계를 갖고 있는 사람은 거의 없다. 일반적으로 물이 찻주전자에서 끓기 전이나 끓은 후 살짝 식은 다음에 사용하면 된다.

오직 깨끗한 정수만을 사용한다

티를 우릴 때 예전에는 우물에서 길어 올린 정수를 사용하였지만, 오늘날에는 수도꼭지에서 나오는 '신선한 정수'를 사용한다. 찻주전자에 물을 담아 끓인 뒤에 찻잎에 부으면 티의 맛은 '밋밋한 맛'이 날 것이다. 티를 우릴 때 항상 신선한 물을 사용하는 이유는 물에 함유된 산소의 양이 많아 티의 맛도 훨씬 더 좋아지기 때문이다.

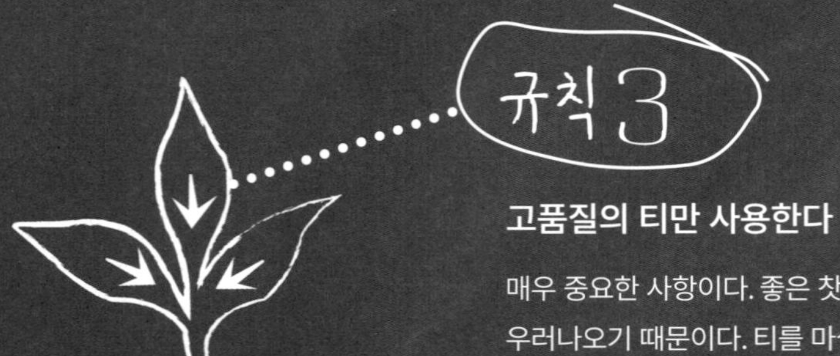

고품질의 티만 사용한다

매우 중요한 사항이다. 좋은 찻잎에서 좋은 티가 우러나오기 때문이다. 티를 마실 때는 과감하게 투자해야 한다. 그 맛에 충분히 만족할 것이다.

3분간 우린다

고품질의 티는 보통 찻잎이 크다. 따라서 우려내는 데는 시간이 필요하다. 이때 찻잎을 인위적으로 담그거나 휘젓지 않도록 한다. 티의 향미가 딱 3분만 물에 자연스럽게 녹아 나오도록 하면 된다.

물은 딱 정량만 사용한다

기술적인 용어로 '티와 물의 비율'이라고 하는데 준수하기가 쉽지 않다. 찻잎 한 장에 물을 몇 리터씩 들이붓는다면 당연히 좋은 맛이 날 리 없다. 따라서 한 사람당 홀 리프 등급의 메시 백mesh bag(그물망 티백)이나 종이 티백 1개 또는 잎차 1티스푼을 평균 크기의 머그잔에 넣고 물을 충분히 붓는다(300ml).

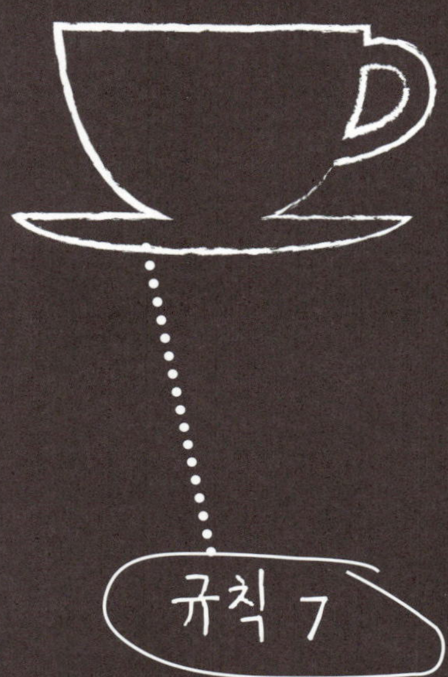

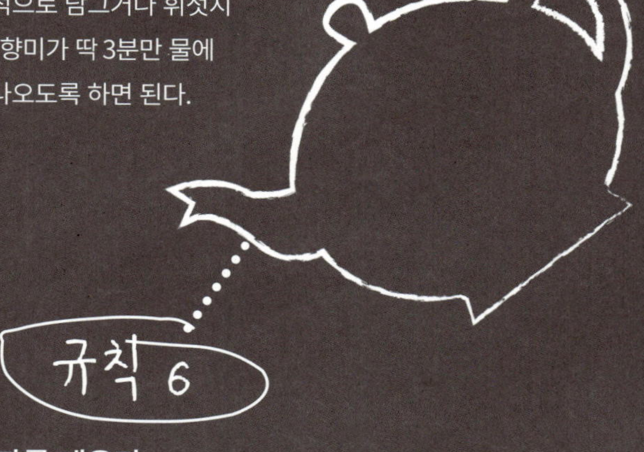

찻주전자를 데운다

찻주전자를 따뜻이 데우는 일은 홍차를 우릴 경우에 매우 큰 차이를 발생시킨다. 그런데 차가운 찻주전자를 데우려면 끓는 물을 넣는 일 외에는 달리 방도가 없다. 차가운 접시에 뜨거운 음식을 담으면 금방 식는 것처럼, 차가운 찻주전자에 끓는 물을 담으면 금방 차가워지며 맛도 절반으로 뚝 떨어진다. 물론 찻주전자에 니트로 뜨개질된 덮개를 씌우고 안 씌우고는 개인의 선택 사항이다.

티를 맛있게 즐긴다

찻잎을 물에서 건져 내면 티가 약간 식도록 내버려 두는 것도 좋다. 몹시 뜨거운 찻물은 입안을 데게 할 뿐 아니라 막 우려낸 티의 맛있는 향미를 즐길 수 없도록 만들기 때문이다.

티가 먼저일까? 우유가 먼저일까? 우유는 넣지 않는 것이 좋을까?

1. 홍차와 루이보스 음료는 우유와 함께 마시면 맛이 좋다.
2. 허브티, 녹차, 백차, 우롱차는 우유를 넣지 않고 마시는 것이 좋다.
3. 찻주전자에 티를 우렸다면, 찻잔에 우유를 먼저 넣고 티를 붓는 것이 좋다.
4. 머그잔에 티를 우렸다면, 찻잎이나 티백을 건져 낸 후 우유를 넣는 것이 좋다.

홀 리프, 빅 리프 등급 ^{VS} 더스트 등급의 티백과 티 부스러기

티를 보다 맛있게 마실 수 있는 가장 간단한 방법은 찻잎의 모양이 온전한 홀 리프^{whole leaf}, 찻잎이 큰 빅 리프^{big leaf} 등급으로 티를 우리는 것이다. 머그잔의 크기는 상관이 없다. 여기서는 크기에 따라 분류되는 등급의 차이를 정리해 보았다.

빅 리프 등급

- 보기에 예쁘다! 아름답고 큰 찻잎을 오서독스 방식으로 가공한 티는 우려내면 그 모습이 환상적으로 보인다.

- 맛이 탁월하다! 고품질의 홀 리프 등급의 티는 복합적인 향미를 낸다. 섬세하거나 강하고, 미묘하거나 강력하다.

- 맛이 월등하다! 낱개로 포장된 잎차나 삼각형 모양의 섬세한 메시 티백의 찻잎은 신선도가 매우 높아 티의 향미를 제대로 즐길 수 있다.

- 다양성이 폭넓다! 장인이 빅 리프 등급으로 만든 고품질의 티는 계절별로 출시되고 산지마다 소량으로 생산되어 그 다양성이 매우 폭넓다.

- 경제적이다! 같은 찻잎으로 여러 차례 우려내 여러 잔으로 마실 수 있어 돈을 절약할 수 있다. 홍차는 예외이지만, 허브티, 녹차, 우롱차는 여러 차례에 걸쳐 우려내 마셔도 된다!

스몰 리프 등급*

- 모양이 예쁘지 않다! 잘게 잘린 찻잎이 좋게 보이지 않아 깊이가 없다고들 한다.

- 스몰 리프 등급이 대량으로 든 저품질의 티는 맛이 비교적 단순하고 색깔도 윤기가 없다.

- 티백 종이의 맛이 난다! 티가 종이 티백의 향미를 빨아들였기 때문으로 보인다.

- 맛이 일정하다. 고객들은 항상 일정한 맛을 선호하기 때문에 티백 브랜드 업체들은 티 블렌딩을 통해 향미를 균일하게 유지하고 있다. 한 가지 궁금 점은 티는 계절에 따라 향미도 달라 그 다양성이 어마어마한데, 동일한 향미로 유지하는 것이 어떻게 가능한가이다.

- 일회성이다. 한 번 우려내면 티의 모든 향미가 추출되기 때문에 마시고 나면 버려야 한다.

*이 등급보다 더 작은 크기의 찻잎도 물론 포함되어 있지만, 일반적인 특징을 기술하기 위하여 생략하였다.

메시 티백의 진화

전 세계의 곳곳에서 생산되는 홀 리프 등급의 최고급 티와 허브티를 구하여 더욱더 훌륭한 향미를 내기 위해 블렌딩한 후 보다 쉽고 깔끔하게 우려낼 수 있도록 메시 티백에 담아 보았다.

시스루

내부가 들여다보여
홀 리프 등급의 아름다운 찻잎을
볼 수 있다.

비율 관리

1티스푼은 티의 양을 재는 매우 훌륭한 척도이다. 물론 민트와 예르바 마테는 해당되지 않는다.
1티스푼이면 민트는 다소 적은 양인 데 반해, 예르바 마테는 비교적 많은 양이기 때문이다. 항상 완벽한 향미를 내기 위해서는 티의 양을 최적화해야 한다.

우러나는 공간

작은 공간을 좋아하는 사람이 없듯이 찻잎도 마찬가지이다.
큰 찻잎들이 펼쳐지고 향미가 풍부하게 우러나오려면 일정한 공간이 필요하다.

생분해성

옥수수 녹말로 메시 티백을 만들어 자연적으로 분해되어 친환경적이다.

소중한 티 예절

역사 속에 깊게 뿌리를 내린 예식이나 관습처럼 티를 마시는 경우에도 해서는 될 행동과 안 될 행동이 있다.
물론 세계 곳곳마다 티를 마시는 방식에서 약간씩 다른 독특한 규칙들도 존재한다.

삼가야 하는 행동

티를 마실 때 진정한 영국 신사, 숙녀로서 존경을 받고 싶다면,
일반적으로 다음과 같은 조언을 몸가짐으로 익혀 두어야 한다.

X 앙증맞은 본차이나 찻잔의 옆면을 티스푼으로
부딪치지 않는다. 저속한 행동으로 간주된다.

X 찻잔에 티스푼을 놓아두지 않는다.
티스푼은 항상 잔 받침 위에 두되, 찻잔의 손잡이
방향과 나란하도록 올려놓는다.

X 찻잔은 손가락으로 부드럽게 쥔다.
엄지와 다른 손가락으로 찻잔의 손잡이를 쥐되,
특히 새끼손가락을 밖으로 펴지 않는다.
과장된 행동으로 주의를 끌려는 것처럼
보일 수 있기 때문이다.

X 잔 받침은 찻잔과 30cm 이상 떨어진 곳에 놓는다.

X 티스푼으로 티를 홀짝거리면서 마시지 않는다.
(티 테이스터는 예외이다)

X 찻잔을 흔들어 티가 소용돌이치도록 하지 않는다.
티는 와인이 아니기 때문이다.

X 크게 후루룩 소리 내어 마시지 않고 홀짝홀짝 마신다.

외국에서 티를 마실 때 유의할 사항!

여기서는 외국에서 티를 마실 때 유의해야 하는 행동을 몇 가지 소개한다.

베트남

환영회나 연회에서 제공되는 티는 일종의 예의로서 환영의 뜻이 담겨 있어 거절하지 말자.

러시아

티를 마실 때는 케이크도 몇 조각 곁들여 먹자. 티만 주문하면 무례한 행동으로 인식된다.

인도

티를 제안하면 처음에는 정중히 사양하고 주인이 한 번 더 제안하도록 한다. 그렇게 몇 번을 사양한 다음에 제안을 정중하게 수락한다.

독일

이스트프리지아 티의 거품은 휘젓지 않고 그대로 마신다(30페이지 참조).

일본

설탕이나 우유를 넣기 전에 먼저 티를 맛본다.

아르헨티나

조롱박에 들어 있는 예르바 마테를 봄빌라 (스트로우)로 휘젓지 않도록 한다.

중국

두 손가락으로 테이블을 가볍게 두드려 감사의 뜻을 전한다. 두 손가락이 중요하다.

모로코

모로코 시장에서는 흥정하기 전에 티를 마셔라.

터키

터키에서는 언제 어디서나 티가 나온다. 환대의 뜻이 담긴 표현이므로 거절하지 말고 마셔야 한다.
입만 축이고 몇 모금만 마셔도 괜찮다.

이집트

자신에게 제공되는 티나 커피는 항상 받아들여야 한다. 자신만의 티를 따로 타서 마셔서도 안 된다. 원치 않아도 일단은 받아들이고 마시지 않으면 된다. 티를 거절하면 상대는 자신이 거부된 것으로 받아들일 수 있다.

쿠키 덩커의 고백

티에 쿠키를 적셔 먹기를 좋아하는가? 무슨 말인지 잘 모르겠다면, '적셔 먹다'의 정의에 대해 소개한다. 영어로 적셔 먹다는 뜻을 지닌 용어는 '덩크dunk'로 음식을 먹기 전에 음료에 담가 살짝 적셔 먹는 것을 의미한다. 단순하고 직접적인 말로 들리지만, 실제는 그보다 훨씬 더 복잡하다. 그 이유에 대해 살펴본다.

티에 쿠키를 적셔 먹는 행위는 영어에도 그 표현이 있듯이, 매우 영국적인 발상이라는 것을 알 수 있다. 물론 미국에서는 오레오Oreo 쿠키를 우유에 적셔 먹고, 오스트레일리아에서는 팀탐Tim Tam 쿠키를 티에 적셔 먹는다는 이야기를 한 번쯤은 들어서 알고 있을 것이다. 그렇다면 이와 같이 적셔 먹는 행위는 어디에서 유래되었을까?

티에 쿠키를 적셔 먹는 문화는 어디에서 시작되었을까? 주요 티 생산국인 중국이나 인도에서 시작되었을까? 티 대신 핫 초콜릿을 즐겼던 고대 마야인들이 달력을 만들다 말고 이 관습을 만들었을까, 아니면 거의 모든 것을 발명해 냈던 고대 로마인들이 만들지는 않았을까? 지금까지도 그 기원에 대해서는 정확한 결론이 나지 않았지만, 그냥 쿠키와 찻잔을 들고 적셔 먹는 풍습이 지금까지 전래된 데 경의를 표한다!

 **티 한 잔의 이야기**

쿠키를 음료에 적셔 먹는 행위의 기원에 관해서는 일부 자료에 그 기록이 남아 있다. 어느 해군 선박에 관한 기록에 따르면, 길고 긴 항해를 하는 동안에 선원들은 영양과 에너지를 보충하기 위해 수분이 거의 없는 딱딱한 쿠키를 보관하였다. 쿠키가 얼마나 딱딱했던지 티든 럼주든 음료에 반복해서 적셔 먹지 않으면 먹을 수 없을 정도였다고 한다.

왜 적셔 먹을까?

따뜻하고 촉촉한 쿠키는 사람들에게 매우 특별한 만족감을 안겨 주는 것 같다. 티에 방금 적신 빵 부스러기의 맛과 질감은 사람의 마음을 따뜻이 하고 편안하게 감싸 준다. 혀에 돋아난 미각 수용체인 미뢰가 차가운 음식보다 따뜻하거나 뜨거운 음식에 반응을 더 잘하기 때문이다. 어쩌면 혀가 뜨거운 티에 쿠키를 적셔 보라고 유혹하는 것은 아닐까.

과감하게 적셔 먹자

얼마나 적셔 먹을 수 있을까? 몇 번이나 적셔 먹는가? 한 번? 두 번? 세 번? 물론 쿠키에 따라 다르겠지만, 티에 적셔 촉촉해진 쿠키 조각을 먹는 일은 흥미로운 일이 아닐 수 없다. 어쩌면 쿠키를 적셔 먹는 일은 러시안 룰렛과도 비슷하다. 한 번 더 적셨을 때 쿠키의 반쪽이 티에 빠져 버릴 수도 있기 때문이다. 위험천만한 일이 아닐 수 없다. 블랙잭에서 배팅을 할지, 말지를 결정하는 것이나 고속도로에서 연료 표시등이 깜빡거리는데, 1km 또는 100km를 더 가야 주유소가 있는 것과 마찬가지이다. 딱 한 번 더 적셔 먹고 끝내면 성공적일 수 있다. 장담할 수는 없지만 한번 시도해 보기를 바란다.

적셔 먹기에 좋은 쿠키

적셔 먹을 때는 쿠키의 종류도 매우 중요하다. 리치 티 Rich Tea나 그레이엄 크래커Graham crackers(통밀로 만든 비스킷)와 같이 딱딱한 쿠키들이 보통 적셔 먹기에 좋다. 부서지기 쉬운 초콜릿 칩 쿠키는 음료에 담가 적시면 부서져서 빠질 우려가 있다. 일부 순수주의자들은 초콜릿만을 녹여 쿠키를 만들어야지, 겉면에만 초콜릿을 코팅한 쿠키는 '눈 가리고 아웅' 하는 격이라고 이야기한다. 티는 쿠키와 함께 먹는 것이 좋다. 쿠키는 짠 것보다는 달거나 밋밋한 것이 좋고, 음료는 녹차나 백차보다 루이보스가 좋다. 물론 그러한 결정은 각자의 몫이다.

오늘같은 분위기에 이 '티' 어때요?

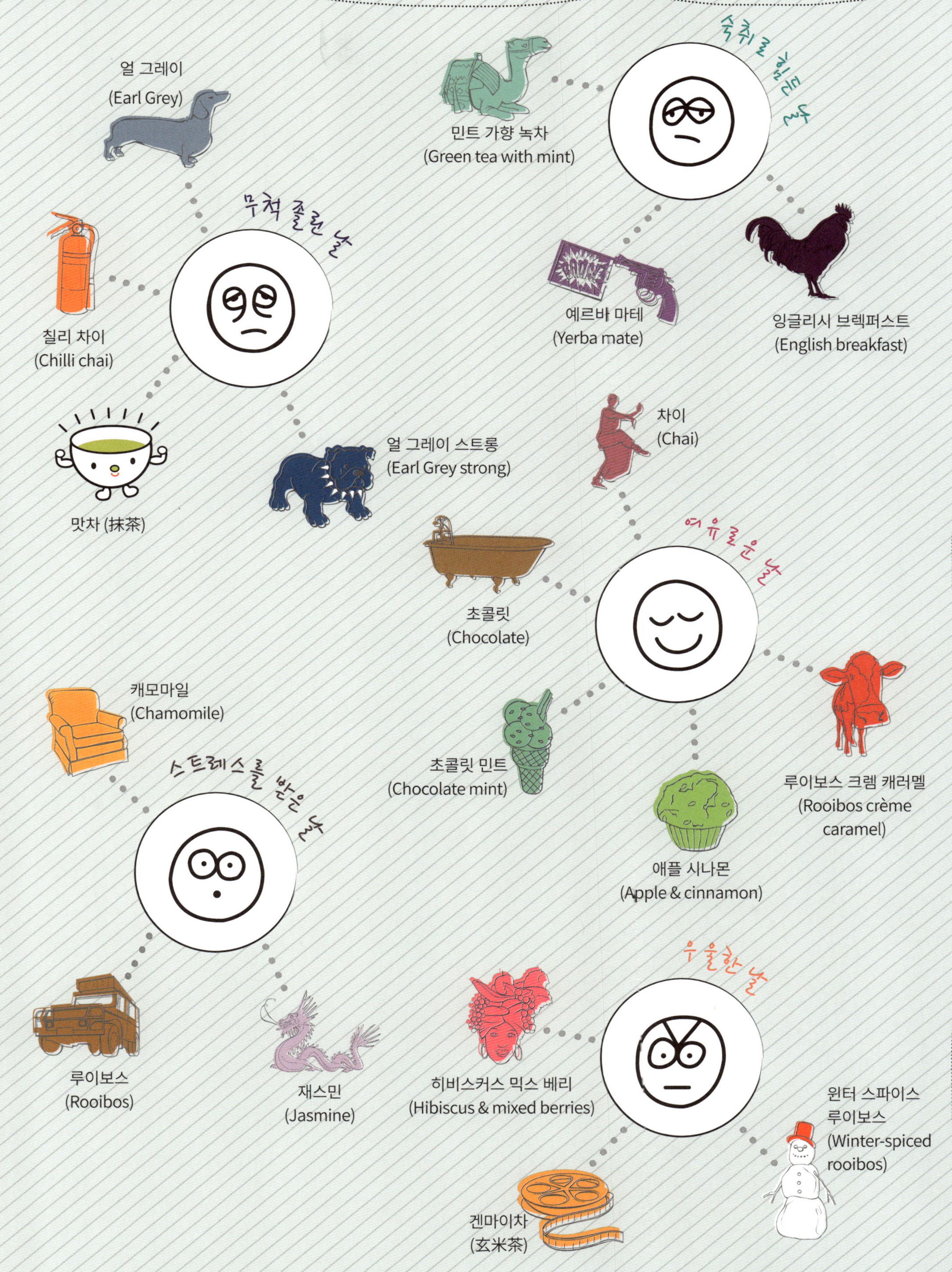
얼 그레이
(Earl Grey)
민트 가향 녹차
(Green tea with mint)
숙취해소의 날
무척 졸린 날
칠리 차이
(Chilli chai)
예르바 마테
(Yerba mate)
잉글리시 브렉퍼스트
(English breakfast)
맛차 (抹茶)
얼 그레이 스트롱
(Earl Grey strong)
차이
(Chai)
초콜릿
(Chocolate)
여유로운 날
캐모마일
(Chamomile)
스트레스를 받은 날
초콜릿 민트
(Chocolate mint)
애플 시나몬
(Apple & cinnamon)
루이보스 크렘 캐러멜
(Rooibos crème
caramel)
루이보스
(Rooibos)
재스민
(Jasmine)
히비스커스 믹스 베리
(Hibiscus & mixed berries)
우울한 날
윈터 스파이스
루이보스
(Winter-spiced
rooibos)
겐마이차
(玄米茶)

PART 5

티 푸드와
레시피

사진 : 루바브 + 진저 허브티.

티에 재운 소고기와 그린 파파야 샐러드
& 고추냉이 드레싱

Tea-Infused beef on a Green Papaya salad with Wasabi dressing

아시아에서는 오랜 세월 동안 육류와 생선의 향미를 내는 데 티를 사용해 왔다. 보통 육류나 생선을 재워 두기 위한 양념장에 오일과 향신료와 함께 티를 첨가하고 있다. 이 양념장을 고기와 생선에 뿌리거나 재면 티의 향미가 풍기는 것이다. 소고기를 파파야 샐러드와 함께 먹으면 그 맛은 기가 막히다.

2인분 기준

티에 재운 소고기

- 예르바 마테 또는 동정우롱 잎차 1테이블스푼
- 얇게 채 썬 오렌지 1개분의 껍질
  (오렌지즙은 샐러드에 사용)
- 올리브 오일 4테이블스푼
- 스테이크 400g (살코기 또는 우둔살)

파파야 샐러드 & 고추냉이 드레싱

- 마늘 세 쪽
- 소금 한 자밤
- 볶은 무염 땅콩 3테이블스푼
- 고추냉이 페이스트 ½티스푼
- 얇게 채 썬 라임 껍질과 즙
- 오렌지 1개 즙
- 피시 소스 1테이블스푼
- 쌀 발효 식초(rice vinegar) 1테이블스푼
- 그린 파파야 1개(400g)
- 당근 큰 것 하나
- 콩나물 1채(100g)
- 상추(보스턴 상추, 로메인 상추 등)

1. 먼저 소고기용 양념장을 준비한다. 절구통에 찻잎을 깔고 절구질을 하거나 향신료 그라인더로 갈아 곱게 체로 쳐 낸다. 얇게 채 썬 오렌지 껍질과 올리브 오일을 넣고 젓는다. 혼합물을 소고기에 문지르고 뚜껑을 덮은 뒤 냉장고나 상온에 1~2시간 정도 재워 둔다.

2. 오븐을 온도 180도로 예열한다.

3. 샐러드 드레싱을 만들어 보자. 마늘을 절구통에 넣고 소금을 쳐서 잘게 빻는다. 여기에 볶은 무염 땅콩을 2테이블스푼 정도 추가해 굵은 알갱이가 될 때까지 빻는다. 다 빻았으면 큰 그릇에 옮겨 담고 고추냉이, 라임 껍질, 라임즙과 섞는다. 그런 다음 오렌지즙, 피시 소스, 쌀 식초를 넣고 젓는다.

4. 파파야 껍질을 까서 길게 반으로 자른 뒤 잘린 면이 아래를 향하도록 두고 얇게 저민다. 얇고 긴 성냥개비 모양으로 잘라 서빙 접시에 담는다.

5. 당근 껍질을 제거하고 절반으로 잘라 가늘고 긴 성냥개비 모양이 되도록 각각을 얇게 채를 썰어 콩나물과 함께 그릇에 담는다.

6. 소고기는 오븐에서 사용할 수 있는 팬에 올려 두고 높은 온도로 가열해 고르게 익힌 뒤 예열된 오븐으로 옮겨 3~5분 정도 익힌다. 오븐에서 소고기를 꺼내 접시에 올리고 10분간 그대로 둔다.

7. 구운 소고기를 얇게 슬라이스로 저며 파파야 샐러드와 상추 잎 위에 올리고 남은 땅콩을 뿌리면 끝이다.

닭고기 티 수프
& 녹차 메밀국수 & 마블 티 에그

Chicken Tea Broth with Green Tea Soba Noodles and Marbled Tea eggs

아시아 요리에서 티는 빠질 수 없다. 수프, 국수, 달걀에도 티가 들어간다. 티를 좋아하는 사람에게는 좋은 소식이 아닐 수 없다! 마블링 티 에그marbling tea egg는 주방에서만 만들 수 있는 진품 요리로 따뜻한 국물 요리에 함께 내놓으면 손님들이 아주 놀라워할 것이다.

4~6인분 기준

닭고기
- 참기름 2테이블스푼
- 곱게 간 신선한 생강 뿌리 5cm
- 소금 약간 쳐서 마늘 두 쪽 빻은 것
- 사오싱 청주(Shaosing rice wine) 또는 셰리주(sherry) 1테이블스푼
- 곱게 간 신선한 백후추 ¼티스푼
- 피시 소스 1테이블스푼
- 순살 치킨 넓적다리 4조각(400g)

마블링 티 에그
- 계란 6개, 물 6⅓컵(1.5리터)
- 진간장 1컵(250ml)
- 스타 아니스(팔각) 2개
- 동정우롱 잎차 2테이블스푼
- 시나몬 스틱 1개
- 말린 고춧가루 한 자밤
- 쓰촨 후추 1테이블스푼 (선택 사항)

허브 살사(herb salsa)
- 다진 고수 잎 ½컵(25g)
- 다진 민트 1컵(25g)
- 다진 풋고추 1개, 다진 마늘 두 쪽
- 잘게 썬 피스타치오 1테이블스푼
- 참기름 3테이블스푼
- 쌀 식초 3테이블스푼
- 곱게 채 썬 라임 1개분의 껍질
- 소금, 신선한 흑후추 간 것

수프
- 물 6⅓컵(1.5 리터), 녹차 6테이블스푼
- 소금 한 자밤, 녹차 메밀국수 200g
- 푸른 채소 잎 썬 것(시금치 또는 청경채) 200g
- 에다마메(edamame, 枝豆) 350g, 완두콩 또는
- 파바콩(skinned fava bean)도 대용이 가능

얇게 채 썬 양파 6조각

검정깨 1테이블스푼, 고추냉이 페이스트(선택 사항)

1. 참기름, 생강, 마늘, 사오싱 청주를 혼합해 그릇에 담고 백후추와 피시 소스를 뿌린다. 닭고기를 먹기 좋은 크기로 썰어 함께 버무린다. 한 시간 이상 또는 하룻밤 동안 냉장고 안에 재워 둔다.

2. 마블 티 에그를 준비한다. 작은 팬에 물을 담아 끓이고 달걀을 넣고 온도가 떨어질 때까지 기다린다. 불을 다시 키워 5분간 끓인 다음 달걀을 꺼내 찬물에 바로 식힌다. 티스푼 뒷면으로 부드럽게 눌러 달걀 껍데기에 금이 가도록 한다. 이때 껍데기 모양이 망가지지 않도록 유의한다. 껍데기은 아직 제거하지 않는다.

3. 남은 재료를 팬에 넣고 적당량의 물을 붓는다. 펄펄 끓기 시작하면 불을 줄이면서 20분간 약하게 끓인 뒤 불을 끈다. 여기에 껍데기에 금이 간 달걀을 넣는다. 마개로 덮고 달걀이 식을 때까지 몇 시간 또는 하룻밤 정도 기다린다. 그런 다음 조심스럽게 달걀 껍데기를 제거하면 마블링 효과가 나타난다.

4. 작은 그릇에 살사용 재료를 모두 섞고 수프를 만드는 동안 옆에 둔다. 큰 팬에 제시된 물의 양을 담아 끓인 뒤 불을 끄고 찻잎을 젓는다. 뚜껑을 닫고 식을 때까지 10분간 기다린 뒤 스트레이너로 건더기를 걸러 내 찻물만 깨끗한 팬으로 옮긴다.

5. 팬에 소금을 약간 쳐서 다시 끓인 뒤 메밀국수를 넣고 젓는다. 다시 물이 끓으면 물 1컵(240ml)을 넣고 같은 방법으로 두세 번 더 반복한다. 그러면 면발이 연해진다. 젓가락으로 면을 건져 내고 양념에 재워 둔 순살 닭고기를 그대로 수프에 넣고 5~10분간 약한 불에 끓여 고깃살이 연해질 때까지 기다린다.

6. 간을 본 뒤 취향에 맞게 녹차 잎, 에다마메, 양파, 티에 절인 달걀을 넣어 젓는다. 달걀은 미관상 자르지 않고 온전한 형태로 유지하고, 푸른 채소 잎은 순이 죽을 때까지 몇 분간 더 끓인다. 기호에 따라 참깨, 고추냉이, 살사 소스를 넣어 먹을 수 있다.

티로 훈제한 오리가슴살
& 스파이스 페어

Tea-smoked Duck Breasts with Spiced Pears

린디 와일드스미스^{Lindy Wildsmith}의 명작 도서인 『큐어드^{Cured}』에 제시된 레시피에 따르면, 상업용으로 훈제한 오리가슴살로도 만들 수 있다. 만약 가정집에서 직접 조리할 경우에 티와 함께 훈제하면 맛이 훨씬 더 좋을 것이다. 매우 간단한 조리를 통해 오리가슴살을 믿을 수 없을 정도로 맛있게 즐길 수 있다. 따뜻하게 먹으면 더욱더 맛이 좋다.

4인분 기준 에피타이저

- 루콜라(rucola), 시금치, 물냉이(water-cress),
- 사탕무 잎 샐러드 125g
- 녹색 콩 100g : 소금으로 간한 뜨거운 물에 살짝 데쳐 물기를 뺀 다음 얼음물에 담갔다가 다시 물기를 뺀다
- 잘게 썬 양파 네 쪽
- 성냥개비 모양으로 길게 채 썬 오이(10cm)
- 자색 무순 50g : 무순이 없으면 무를 얇게 썬다
- 티로 훈제한 오리가슴살 2×150g(아래 박스 참조)
- 호두 ½컵(50g)

스파이스 페어
- 배 식초(perry vinegar) 또는 사과 식초 1컵(250ml)
- 껍질을 벗긴 신선한 생강 뿌리 20g
- 마늘 한 쪽
- 쿠민(cumin) 씨 ½티스푼
- 월계수 잎 1개
- 스타 아니스 1개
- 곱게 간 메이스(mace, 육두구 씨를 말린 향신료) 한 자밤
- 천일염 한 자밤
- 포장된 갈색 설탕 ½컵(100g)
- 껍질을 벗긴 배 반 조각 750g

드레싱
- 타임(thyme) 잎 1티스푼
- 호두 오일 2테이블스푼
- 올리브 오일 2테이블스푼
- 레드와인 식초 5티스푼
- 꿀 1티스푼
- 천일염 한 자밤

1. 먼저 스파이스 페어를 만들어 보자. 식초, 생강, 마늘, 쿠민 씨, 월계수 잎, 스타 아니스, 메이스, 소금, 설탕을 팬에 넣고 열을 가한다. 설탕이 완전히 녹으면 불의 온도를 높여 5분간 끓인 다음 식힌다.

2. 반으로 가른 배를 스파이스 시럽에 넣고 부드러워질 때까지 졸인다. 두 조각의 배를 슬라이스로 조각 내 살균된 통에 담고 밀봉한다.

3. 이제 샐러드 드레싱을 만들어 보자. 마개를 돌려 여는 통에 모든 재료를 담고 다시 마개를 닫아 잘 흔든다. 맛을 보고 원하는 대로 재료를 추가한다.

4. 오리가슴살 훈제 방법은 아래 박스를 참조하기 바란다. 바삭바삭한 식감을 원한다면 훈제한 뒤 슬라이스로 저미기 전에 뜨거운 팬이나 냄비에 올려 빠르게 그을린다. 또는 티로 훈제된 오리가슴살을 아주 얇게 저민다.

5. 마지막으로 샐러드를 만들어 보자. 샐러드 야채, 녹색 콩, 양파, 오이, 자색 무순을 그릇에 담는다. 드레싱을 붓고 가볍게 흔들어 준다. 이 샐러드를 4개의 접시에 담고 배와 오리가슴살을 한쪽에 배열한 다음에 호두를 뿌리거나, 샐러드 위에 오리가슴살과 배를 올리고 샐러드 째로 내올 수도 있다. 어느 쪽이든 원하는 대로 하면 된다.

백차로 훈제하기 특별한 도구가 없어도 일반 가정에서 훈제가 가능하다. 무거운 뚜껑이 있는 우묵한 냄비나 내부에 선반(cooking rack)이 있는 찜통을 사용할 수 있으며, 바구니형 찜통을 사용해도 좋다. 심지어 삼발이가 있고 덮개도 있는 로스트 팬을 사용해도 된다. 냄비와 팬을 영원히 망가뜨리고 싶지 않다면 바닥에 포일을 여러 층으로 까는 것이 좋다. 그 위에 쌀과 좋아하는 찻잎(티스푼 등으로)을 펼쳐 놓아 오리가슴살에 향이 배도록 하고 그 위로 설탕을 뿌린다. 준비가 끝났다면 선반에 오리가슴살을 올리고 10분간 설탕이 다 녹을 정도로 강한 열을 쬔다. 부엌에 성능이 좋은 환기 설비가 없다면 바비큐를 구울 때처럼 밖에서 불을 지펴 연기가 나가도록 한다. 훈제 요리에는 불과 함께 연기가 가해지기 때문에 조리가 매우 빠르게 이루어진다. 오리가슴살의 경우에는 20~30분 정도 소요되며, 가리비, 굴, 홍합, 새우는 몇 분이면 된다. 생선 같이 두께가 얇은 음식은 훨씬 적게 걸리고 고기가 클수록 오래 걸린다. 음식을 제대로 익히기 위해 시간이 얼마나 걸릴지는 실험해 보는 수밖에 없다. 고기나 생선의 색이 불투명해지면 다 된 것이다. 그럼 행운을 빈다.

모봉 티 고수 새우

Mao Feng Coriander Prawns

아시아의 여러 나라에서는 생선 요리에 티를 식재료로 많이 사용한다. 티로 훈제한 생선 요리는 매우 일반적인 요리이며, 소스나 튀김에도 티를 첨가해 맛의 깊이를 더할 수 있다. 지금 소개할 새우 요리는 튀김옷을 가볍게 입히고 향긋한 향이 풍겨 매우 맛이 좋으며, 그중에서도 허브 소스는 단연 일품이다.

4인분 기준 에피타이저

보리생새우 300g : 꼬리가 달려 있고, 껍질과 내장이 손질된 것

허브 소스

- 물 ⅔컵(150ml)
- 모봉 녹차 1테이블스푼
- 마늘 두 쪽을 까서 저민 것
- 곱게 간 신선한 생강 뿌리 5cm
- 파란 고추 또는 빨간 고추 1개 : 씨가 있고 굵게 다진 것
- 양파 세 쪽 다진 것
- 고수의 잎과 줄기를 다진 것 ½컵(25g)
- 물냉이 다진 것 1¾컵(50g)
- 껍질과 씨를 제거한 작은 아보카도 1개
- 라임 1개분 즙
- 굵은 천일염, 흑후추 빻은 것

튀김옷

- 달걀 6개, 3개는 흰자위만
- 감자 가루 ⅔컵(100g)
- 모봉 녹차 2테이블스푼
- 고수 잎 약간 한 움큼 정도
- 튀김용 땅콩 오일
- 라임 웨지(가니시용)

1. 소스는 팬에 적당량의 물을 부어 끓이고 모봉 녹차를 넣은 뒤 마늘, 생강, 고추, 양파를 넣는다. 어느 정도 끓였다면 불을 끄고 5분 정도 소스가 스미도록 한다.

2. 다진 고수와 물냉이가 걸쭉하게 되도록 젓는다. 냉장고에서 냉장 보관하였다가 푸드 프로세서에 아보카도, 라임즙, 소금 약간과 함께 넣어 부드러워질 때까지 갈아 준다. 흑후추를 그 위에 뿌린다.

3. 튀김옷을 만들 차례이다. 깊이가 깊은 그릇에 달걀과 감자 가루를 넣어서 섞고 부드러워질 때까지 빠르게 휘젓는다. 다른 그릇에 달걀 흰자위만 담고 저어 가장 부드러워지도록 만든다. 부드러워진 흰자위의 3분의 1을 감자 가루에 넣고 모봉 녹차와 고수 잎도 같이 넣은 뒤 빠르게 휘젓고 나머지 흰자위에 올린다.

4. 우묵한 냄비나 깊이가 있는 팬에 땅콩 오일을 4분의 1 정도 채우고 온도 180도까지 가열하거나 또는 빵조각을 넣어 15초가 지났을 때 갈색으로 변할 때까지 가열한다. 새우를 하나씩 하나씩 튀김옷을 입히고 기름에 빠뜨린다. 새우를 적절히 휘저으며 금빛이 돌면 건져 내서 키친타월에 기름을 뺀다. 접시에 담아 천일염을 살짝 뿌리고 라임 웨지를 뜨겁게 익혀 같이 올린다.

레몬그라스 티 고등어 훈제구이
& 루바브 초절임

Lemongrass tea-smoked mackerel with Rhubarb Relish

고등어 훈제구이는 정말 맛있다. 그런데 티로 훈제하면 훨씬 더 맛있다. 레몬그라스를 우린 음료와 루바브로 만든 초절임의 새콤달콤함은 기름기가 많은 생선 요리에 환상적으로 잘 어울린다.

4~6인분 기준

루바브 초절임

- 정선제당 1컵(200g) : 채에 걸러 아주 고운 설탕
- 레드 와인 또는 사과 식초 ½컵(100ml)
- 레몬그라스 잎 6테이블스푼과 모슬린 천
- 빨간 고추 1개 저민 것
- 파 여섯 줄기 얇게 채 썬 것
- 손질하지 않은 루바브 550g(손질했다면 450g)

고등어

- 갈색 설탕 ½컵(100g)
- 쌀 ½컵(100g)
- 모봉 녹차 100g
- 뼈를 발라 낸 고등어 순살 4조각(150g) : 소금 과 곱게 간 흑후추 위에 고등어를 올려두어 간 이 베도록 한다
- 기름 : 팬에 칠하기 위한 용도
  라임 웨지, 녹색 채소

1. 루바브 초절임을 만들어 보자. 모슬린 천에 레몬그라스를 담고 팬에 설탕, 식초와 함께 넣는다. 팬을 가열하고 설탕이 잘 녹도록 계속 저어 준다. 고추를 넣고 낮은 온도에서 10분 더 끓인다. 파를 넣고 5분 더 끓인다. 마지막으로 루바브를 넣고 부드러워질 때까지 3~4분 정도 더 끓인다. 이제 불을 끄고 식히며 초절임이 자연스럽게 스며들 때까지 기다린다. 모슬린 천을 쥐어짜서 내부의 물을 뺀다.

2. 우묵한 큰 냄비 바닥에 포일을 두 장 정도 깔고, 그 위에 설탕, 쌀, 찻잎을 섞어 올린다. 위에 삼발이를 세운다(삼발이가 없다면 원형 케이크용 트레이를 사용해도 된다).

3. 고등어 조각은 황산지에 싸서 등 부분이 위로 올라오도록 삼발이에 올린다. 팬에 열을 가한다. 티가 그을려지면 뚜껑을 꽉 덮거나 포일로 덮는다. 불을 끄고 15분간 기다린다.

4. 루바브 초절임, 라임 웨지, 샐러드와 함께 고등어 훈제 요리를 내놓는다.

맛차, 초콜릿, 진저 티라미수

Matcha, Chocolate and Ginger Tiramisu

티가 있다면 굳이 요리에 커피를 쓸 필요가 없다! 초콜릿이나 맛차가 있는 경우에는 더더욱 그렇다. 입맛을 자극하는 티라미수에 티를 가미한다면 마스카르포네^{mascarpone} 크림과 너무도 잘 어울린다. 여기에 생강을 더한다면, 완전 퍼펙트!

6 ~ 8인분 기준

- 물 ⅔컵(150ml)
- 초콜릿 플레이크 티백 4개 또는 초콜릿
  홀 리프 메시 티백
- 플레인 스펀지, 초콜릿 케이크 또는 녹차
  티 파운드 케이크 250g(173페이지 참조)
- 달걀 2개 : 흰자위와 노른자위 분리
- 정선제당 3테이블스푼
- 바닐라 추출물 ½티스푼
- 마스카르포네 2¼컵(500g)
- 작은 생강 1개 얇게 저민 것(선택 사항)

가니시

- 설탕을 넣지 않은 코코아 파우더
- 맛차

1. 적당량의 물을 작은 팬에 붓고 끓인다. 초콜릿 티백을 통째로 넣고 불은 끈 다음 15분간 우려낸 뒤 넓적한 접시로 옮겨 담는다.

2. 케이크를 손가락 크기(8 × 2cm)로 자른다. 초콜릿 티백을 우린 찻물에 케이크를 담가 표면을 적셔 준다. 남은 찻물은 케이크 위로 고르게 뿌린다.

3. 그릇에 달걀 노른자위와 설탕, 바닐라를 넣고 말랑말랑해질 때까지 빠르게 휘젓는다. 마스카르포네를 조금 넣어 휘젓고, 저민 생강을 넣고 또 휘젓는다.

4. 다른 그릇에 달걀 흰자위를 담고 부드러워질 때까지 휘젓는다. 흰자위의 3분의 1만 3항에서 만든 마스카르포네 믹스에 넣어 휘젓고, 나머지는 그 위에 뿌린다. 마스카르포네를 스푼으로 떠서 초콜릿 티백을 우린 찻물에 흠뻑 적신 케이크 위로 펴서 바른다.

5. 코코아 파운드는 듬뿍 넣고, 맛차 가루는 약간만 뿌린 뒤 냉장고에 한 시간 이상 보관한다.

얼 그레이 하트 쿠키

Earl Grey Hearts Cookie

얼 그레이를 사랑한다면 얼 그레이 향미를 내는 쿠키보다 더 좋은 게 또 있을까? 지금부터 소개할 레시피는 유명 생활 잡지 <컨트리 리빙Country Living>의 '푸드 앤 드링크' 부문 편집자인 앨리슨 워커Alison Walker가 쓴 『주방에서 손으로 만드는 선물Handmade Gifts from the Kitchen』에 소개된 내용으로서 티를 사랑하는 사람들이라면 꼭 눈여겨봐야 하는 정보이다.

25~30개 기준

- 밀가루 중력분 1¼컵(175g)
- 제과용 가루설탕 ½컵(50g)
- 진하게 우려낸 얼 그레이 티 1테이블스푼
- 버터 7테이블스푼(100g) : 쿠키 재료 및 구이판 칠하는 용도
- 중간 크기의 달걀 노른자위 1개

1. 밀가루, 제과용 가루설탕, 얼 그레이 티를 푸드 프로세서에 넣는다. 나머지 재료들도 함께 넣고 뒤섞어 부드럽게 반죽한다. 반죽을 둥근 접시 모양으로 편 뒤에 비닐 랩으로 싸서 20분간 냉장고에 둔다.

2. 그 사이에 오븐을 190도로 예열하고 기름이나 버터로 철제 구이판을 2~3회 정도 가볍게 바른다.

3. 냉장고에서 반죽을 꺼내 뒷면에 가볍게 밀가루를 뿌린다. 반죽을 펴서 두께가 5mm 정도가 되도록 만들고, 5cm 크기 하트 모양의 커터로 자른다. 하트 외에 다양한 모양으로도 만들 수 있다. 철제 구이판에 일정한 간격을 두고 올린다.

4. 예열된 오븐에 8~10분 정도 넣어 두면 색깔이 노릇노릇해진다. 그러면 종이 위에 올려 몇 분 정도 식힌 뒤에 철망의 선반으로 옮겨 완전히 식힌다. 쿠키는 밀폐된 용기나 포장지에 넣으면 4주 동안 보관할 수 있다.

얼 그레이 마카롱
& 레몬 또는 라벤더

Earl Grey Macarons with Lemon or Lavender

마카롱은 접대용으로 최고의 간식이다. 마카롱은 가볍고 섬세하며, 달콤하면서도 크리미한 데다 모양까지 예쁘다. 마카롱의 아몬드 맛과 잘 어울리는 것이 얼 그레이의 베르가모트^{bergamotte} 향이다. 친구들에게 대접하면 너무도 좋아할 것이다!

20개 정도 기준

마카롱
- 제과용 가루설탕 1½컵(175g)
- 아몬드 빻은 것 1⅓컵(125g)
- 진한 얼 그레이 티 2테이블스푼
- 달걀 흰자위 3개
- 소금 한 자밤
- 제과용 가루설탕 ¼컵(총 75g)

라벤더 필링
- 건조 라벤더꽃 빻은 것 ½테이블스푼
- 제과용 가루설탕 ⅔컵(75g)
- 녹인 버터 7테이블스푼(100g)

레몬 필링
- 녹인 버터 7테이블스푼(100g)
- 레몬 ½개 껍질 곱게 간 것과 즙, 여분의 즙도 필요
- 제과용 가루설탕 ⅔컵(75g)

1. 오븐을 온도 160도로 예열한다.

2. 마카롱을 만든다. 제과용 가루설탕, 아몬드, 찻잎을 푸드 프로세서에 넣고 잘 빻는다.

3. 달걀 흰자위에 소금을 한 자밤 넣고 부드러워질 때까지 빠르게 휘젓는다. 그런 다음 제과용 가루설탕을 한 스푼씩 계속 넣어 가며 휘젓는다. 흰자위와 설탕이 섞인 머랭(meringue)이 걸쭉해지면서 윤기가 돌 때까지 젓는다.

4. 아몬드 절반과 얼 그레이 티의 혼합물을 머랭에 넣고 잘 섞은 다음 나머지 혼합물에 붓는다. 부드러워지고 윤기가 나며 리본 모양의 패턴이 생길 때까지 젓는다. 스푼으로 떠서 노즐이 1cm 길이인 페이스트리 백에 옮겨 담는다.

5. 철제 구이판의 두 번째 칸에 방수용 황산지를 깔고 쿠킹 파이프로 작고 둥근 모양의 마카롱을 만든다. 이때 가장자리에 3cm 간격을 두는데, 열을 받으면 부피가 커지기 때문이다. 상온에서 10~15분간 두면 겉면이 형성되는데, 이때 가볍게 손으로 만져도 반죽이 묻어나지 않는다. 오븐에 15분간 굽고 꺼내 철사로 된 선반으로 옮긴 뒤에 완전히 식힌다. 그러는 동안 필링을 무엇으로 할지 생각해 본다.

6. 라벤다 필링의 경우에는 푸드 프로세서에 말린 라벤더꽃과 제과용 가루설탕을 넣고 곱게 간 다음에 그릇으로 옮겨 담는다. 다른 용기에 버터를 담고 젓는다. 가볍게 거품이 일면 라벤더꽃과 제과용 설탕에 넣어 잘 섞어 주면 된다.

7. 레몬 필링의 경우에는 버터와 함께 곱게 간 레몬 껍질을 넣고 가벼운 거품이 일 때까지 휘젓는다. 그런 다음 제과용 가루설탕을 넣고 레몬 반 개분의 즙도 같이 섞어 준다. 부드럽게 섞이면 간을 보고, 필요한 경우에 레몬즙을 추가한다.

8. 위아래의 마카롱 사이에 필링을 티스푼으로 떠서 채운다. 같은 방법으로 나머지 마카롱도 만들면, 작지만 손님 접대용으로 알맞은 간식이 된다.

차이 핫 크로스 번 브레드 버터 푸딩

Chai Hot Cross Bun Bread and Butter Pudding

브레드 버터 푸딩은 기분을 북돋는 디저트 중 하나이다. 십자가 무늬의 빵과 홍차 차이에 다양한 향신료가 들어 있어 맛과 온화함을 더해 준다. 컵에 하나씩 만들면 꽤 깜직한 모양이 된다.

6인분 기준

- 우유 1¼컵(300ml)
- 싱글 크림 1¼컵(300ml)
- 차이 잎차 2테이블스푼
- 달걀 2개
- 정선제당 2테이블스푼(75g)
- 십자가 무늬 빵 6개
- 부드러운 버터 3½테이블스푼

1. 팬에 우유와 크림을 붓고 차이를 넣는다. 열을 가하되 끓기 전에 불을 끈 다음 5분간 식힌다.

2. 식는 동안 그릇에 달걀과 설탕을 넣고 휘젓는다. 1항에서 만든 혼합물을 스트레이너에 부어 차이를 걸러 낸 뒤 계속 저어 가며 설탕과 달걀을 뒤섞는다. 이렇게 커스터드를 완성한 뒤 구우면 부풀어 오른다.

3. 십자가 무늬 빵을 같은 크기로 3등분해 수평으로 자르고 각각의 한쪽 면에 버터를 바른다. 3등분하여 자른 빵 조각 중 맨 아래 부분을 200ml가 들어갈 정도 크기의 그릇에 넣는다. 라미킨(ramekin)이나 머그잔이나 큰 티 컵을 사용해도 좋다.

4. 커스터드 일부를 각 라미킨이나 컵에 담고 빵의 가운데 부분을 컵에 넣는다. 또 다시 커스터드를 올리고 십자형으로 조각낸 빵의 윗부분을 마지막으로 올린다. 빵을 가볍게 누르되 푹 들어가지 않도록 한다. 30분간 충분이 두면서 오븐을 온도 180도로 예열한다.

5. 로스트 팬에 라미킨이나 컵을 배열하고 오븐에 넣는다. 팬에 컵의 절반 높이까지 끓는 물을 담고 20분간 굽는다. 완전히 요리되기 전까지는 푸딩 가운데 부위가 흔들릴 수 있다. 다 완성되고 요리를 내놓을 때는 뜨겁지 않고 따뜻한 상태로 대접한다.

녹차 파운드케이크
Green Tea Pound Cake

로저 피지^{Roger Pizey}가 그의 저서 『세계 최고의 케이크들 ^{World's Best Cakes}』에서 소개한, 맛차를 재료로 만든 케이크는 정말로 맛이 있다. 동서양의 조화가 돋보이는 이 케이크는 일본 녹차의 섬세한 맛과 서양의 파운드케이크가 만나 환상적인 결과를 만들어 낸 것으로 그 색깔 또한 아름답다.

10인분 기준

- 밀가루 중력분 2⅔컵(375g)
- 베이킹파우더 1티스푼
- 맛차 2테이블스푼
- 버터 1¼컵(275g)
- 정선제당 1¼컵 (275g)
- 달걀 4개

1. 오븐을 170도의 온도로 예열하고, 25 × 8 × 8cm 크기의 빵틀에 기름을 바르고 황산지를 깐다.

2. 체로 걸러 낸 밀가루, 베이킹파우더, 맛차를 용기에 담는다.

3. 버터와 설탕을 섞어서 휘저어 가벼운 거품이 생기면 천천히 달걀을 넣고 중간에 밀가루 혼합물을 조금 섞어 넣는다.

4. 나머지 밀가루 혼합물을 넣고 완전히 섞은 뒤 반죽한다.

5. 반죽을 팬에 올려서 예열된 오븐에 넣고 40~50분간 굽는다. 구운 후에는 10분간 식히고 철망으로 된 선반에 옮긴 뒤에 황산지를 떼어 낸다.

6. 녹차나 섬세한 가향차와 함께 내놓는다.

티 로프

Tea Loaf

나라마다 즐겨 먹는 티 로프*tea loaf*가 있지만, 여기서는 제인 브로켓*Jane Brocket*이 추천하는 티 로프의 레시피를 소개한다. 이 케이크는 질감이 좋고 맛이 훌륭할 뿐만 아니라 잘랐을 때 모양이 예뻐 모두가 좋아할 것이다. 입안에 넣었을 때 퍼지는 버터 향은 따뜻한 티와 함께 먹으면 제대로 즐길 수 있다. 티는 기본적으로 홍차를 내는데, 과일을 담가 먹거나 얼 그레이나 랍상소총 등 가향·가미차와 섞어 먹어도 좋다.

8~10인분 기준

- 혼합 건과일과 껍질 375g
- 걸러 낸 차가운 티 1컵(250ml) : 진하게 우리고 우유나 설탕을 가하지 않은 것
- 버터(기름칠 용)
- 갈색 설탕 ¾컵(150g)
- 가볍게 휘저은 달걀 1개
- 밀가루 중력분 1¾컵(250g)
- 베이킹파우더 1테이블스푼 수북이
- 혼합 향신료 조금, 곱게 간 넛메그(육두구)또는 잘게 빻은 클로버(선택 사항)
- 잘게 간 레몬 1개분의 껍질

1. 저녁에 건과일을 차가운 티와 함께 용기에 넣고 혼합한다. 그리고 공기가 통하지 않게 잘 밀봉한 다음 상온에서 하룻밤 동안 보관한다.

2. 다음 날 빵을 구울 준비가 되었다면 오븐을 160℃로 예열하고, 22 x 11 x 7cm 크기의 빵틀에 기름을 발라 준다.

3. 어제 저녁에 준비한 건과일이 든 티에 설탕과 달걀을 넣고 나무 스푼이나 딱딱하지 않은 주걱으로 잘 섞는다. 밀가루, 베이킹 파우더, 향신료(기호에 따라 사용)를 첨가하고 고루 잘 섞는다.

4. 반죽을 스푼으로 떠서 빵틀 안에 넣고, 빵 표면은 스푼 뒷면으로 다듬어 모양을 만들어 준다. 오븐 정중앙에 빵틀을 올리고 1시간에서 1시간 15분 정도 굽는다. 철제 꼬챙이나 끝이 뾰족한 나이프로 빵 한가운데를 찔렀을 때 아무것도 묻어 나오지 않으면 다 된 것이다.

5. 오븐에서 꺼내 선반에 옮기고 식힌 다음에 그릇에 옮긴다. 접시에 올릴 때 기호에 따라 버터를 같이 올려도 된다.

전 세계 과일 케이크 제인 브로켓이 제안한 위의 레시피대로 강하게 우려낸 티에 건과일을 담가 케이크를 만드는 데 사용하면 과일 케이크에서 과일 맛을 극대화할 수 있다. 영국 서남부의 도시 웨일스의 과일 빵인 배라 브리스*bara brith*에도 같은 방식으로 티를 사용한다. 핼러윈 데이에 자주 먹는 아일랜드식 밤브랙*barmbrack*(건포도가 든 둥근 빵)도 그러하다. 참고로 핼러윈 데이에는 밤브랙 안에 행운의 상징인 동전을 넣기도 한다. 스코틀랜드 북부에서는 던디 케이크*Dundee cake*에 티보다는 셰리주를 사용한다. 세계 다른 나라에도 더 다양하고 맛있는 종류의 과일 케이크가 많다. 카리브 해 지역에서는 케이크에 럼주를 넣으며, 동유럽의 클래식한 과일 케이크, 예를 들면 루마니아에서 부활절에 먹는 전통 음식인 코조낙*Cozonac*에도 럼주를 사용한다. 미국에서는 예전에 과일 케이크에 브랜디나 강한 도수의 알코올을 넣었지만, 오늘날에는 술을 거의 넣지 않는다. 여기에 티를 넣는다면 얼마나 좋을까.

차이 체스넛 머핀
& 칠리 차이 티 글레이즈

Chai and Chestnut Muffins with Chilli Chai tea glaze

편안하며 크리스마스 분위기를 자아내는 체스넛은 머핀의 재료로 환상적이이다. 머핀에는 인도 홍차인 차이를 사용하는데 쫀득한 식감에 맛이 좋으며 차이로 글레이즈해 광택이 난다. 여기에 따뜻한 향신료를 가해도 좋다. 추운 날씨에는 뜨거운 차이 라테와 함께 먹으면 완벽하다!

6인분 기준

차이 글레이즈

- 제과용 가루설탕 ½컵(50g)
- 레몬 1개 즙
- 티백에 담긴 칠리 차이 2개
  (또는 칠리 차이나 차이 4티스푼)

머핀

- 우유 1컵(250ml)
- 볶은 체스넛 250g
- 차이 1테이블스푼
- 휘저은 달걀 2개
- 정선제당 ½컵(100g)
- 밀가루 중력분 1¼컵(180g)
- 베이킹파우더 2티스푼
- 소금 한 자밤

1. 글레이즈를 만들 때는 제과용 가루설탕, 레몬즙, 티백에 담긴 칠리 차이를 작은 팬에 부어 열을 가해 가볍게 데운다. 데워지면 불을 끄고 식혀 각각의 재료가 자연스럽게 우러나오도록 한다. 식는 동안 다른 팬에 우유를 붓고, 여기에 체스넛과 차이를 넣어 끓기 전까지 가열한 다음, 불을 끄고 깊게 우려질 때까지 30분간 기다린다.

2. 오븐을 200도의 온도로 예열하고 12개짜리 머핀 틀에 머핀용 라이너를 채운다. 큰 그릇에 달걀을 깨 휘저은 뒤 티와 우유를 우린 차이를 스트레이너에 걸러서 함께 뒤섞는다. 체스넛 3분의 1은 남겨 두고, 나머지는 푸드 프로세서에 담아 설탕과 함께 곱게 간다. 다 갈면 달걀과 함께 우유 혼합물에 넣고 휘젓는다.

3. 그릇에 밀가루, 베이킹파우더, 소금, 체스넛을 넣고 빻은 뒤에 달걀 혼합물에 담는다.

4. 반죽을 스푼으로 떠 종이 라이너 하나하나에 절반가량 담는다. 예열된 오븐에 15~20분 정도 노릇노릇해질 때까지 가열한다.

5. 오븐에서 틀을 꺼내고 선반으로 옮겨 식힌다. 시럽에서 차이를 건져 내고 머핀에 열기가 아직 남아 있을 때 시럽을 겉면에 바른다. 따뜻해야 윤기가 진해진다. 5분 정도 식힌 뒤에 팬에서 머핀을 들어 올려서 꺼내 격자용 선반에 올려 완전히 식힌다.

애플 시나몬 티 플랩잭

Apple and Cinnamon Tea Flapjack

고품질의 잎차로 만든 훌륭한 과일 허브티는 그 맛이 매우 강렬하다. 애플 시나몬 티는 플랩잭^{flapkack}의 과일 맛을 높여 주고, 촉촉함을 더하여 맛이 기가 막히다.

24조각 기준

- 끓는 물 ⅔컵(150ml)
- 티백에 든 애플 시나몬 9개
  (또는 애플 시나몬 잎차 18티스푼)
- 무염 버터 1¼컵(300g)
- 갈색 설탕 ¼컵(75g)
- 옥수수 시럽 ⅓컵(125g)
- 사과 1개 : 껍질을 까서 간 것
- 롤드 오트(rolled oat) 2⅓컵(200g)
- 점보 오트(jumbo oat) 2⅓컵(200g)
- 너트와 씨 혼합 200g : 책에서는 해바라기 씨,
  호박 씨, 구기자 말린 것, 잣을 사용하였다
- 소금 한 자밤

1. 끓는 물을 그릇에 담고, 여기에 티백에 든 애플 시나몬이나 시나몬 잎차를 넣어 1시간 정도 우린다.

2. 오븐을 170도의 온도로 예열하고, 25 x 30cm 크기의 철제 구이판에 황산지를 깐다.

3. 팬에 버터를 두르고 약하게 열을 가한다. 버터가 녹으면 한 번 저어 주고 불을 끈 뒤에 설탕, 옥수수 시럽, 스트레이너에 걸러 낸 애플 시나몬을 넣고 저어 준다. 이때 애플 시나몬은 티백을 압착해 한 방울까지 짜내 사용한다. 잘 섞이도록 휘저은 뒤에 간 사과, 오트, 너트, 씨를 혼합해 또 한 번 더 잘 뒤섞어 준다.

4. 준비한 철제 구이판에 혼합물을 따르고 스푼 뒷면으로 눌러가며 고르게 편다. 20~30분 정도 구우면 노릇노릇하게 구워진다.

5. 다 익으면 오븐에서 꺼내 몇 분간 플랩잭을 식힌다. 아직 열기가 남아 있는 상태에서 나이프를 사용해 정사각형 모양의 알맞은 크기로 영역을 나눈다. 다 식으면 플랩잭을 조각으로 분리하는데, 이때 톡 소리와 함께 선을 따라 깔끔하게 분리된다. 이제 애플 시나몬과 함께 먹으면 된다!

유대인식 허니 케이크
Jewish Honey Cake

유대인들은 로쉬 하쇼너Rosh Hashanah라는 새해 명절을 보낸다. 1월 1일이 되면 지난해를 보내고 새해를 맞이하는 기분으로 이 허니 케이크라는 음식을 먹는다. 이런 기념일에는 티가 또 빠질 수 없다. 케이크에 티를 넣어 식감도 더욱더 촉촉하다. 파티시에인 로저 피지는 허니 케이크의 당도가 시간이 지나면서 점점 높아지기 때문에 먹기 며칠 전에 미리 만들어 두는 것이 좋다고 한다.

8인분 기준

- 갈색 설탕 ¾컵(150g)
- 달걀 1개
- 차가운 티 1¼컵(280ml) : 티백에 담긴 모닝 글로리(morning glory) 티 2개 또는 잉글리시 브렉퍼스트 잎차 4티스푼을 사용한다
- 식물성 기름 ⅔컵(150ml)
- 진한 꿀 ¾컵(180g)
- 베이킹파우더가 든 밀가루 2⅓컵(330g)
- 혼합 향신료 ½티스푼
- 다진 생강 ½티스푼
- 곱게 간 시나몬 ½티스푼
- 베이킹소다 1티스푼

1. 오븐을 160도의 온도로 예열하고, 21cm 크기의 원형 케이크 팬에 황산지를 깐다.

2. 설탕, 달걀, 티, 오일, 꿀을 그릇에 한꺼번에 넣어 잘 섞어 준다. 다시 별도의 그릇에 건재료를 넣고 이것을 다 같이 섞는다.

3. 준비해 둔 팬에 케이크 반죽을 옮겨 담고 1시간가량 굽는다. 다 구워지면 이쑤시개로 케이크 가운데를 찍어 본다. 아무것도 묻어나오지 않고 깨끗하면 다 된 것이다.

4. 오븐에서 팬을 꺼내 10분간 팬 채로 식힌다. 그 다음 철망 선반 위로 옮기고 황산지를 잡아 분리한다. 티타임이나 저녁 식사 후에 맛있는 디저트를 먹을 때 허니 케이크를 즐겨 보라.

맛차 피스타치오 컵케이크
&화이트 초콜릿 프로스팅

Matcha and Pistachio Cupcakes with White Chocolate Frosting

맛차가 들어 있다면 어떤 음식이든 다 좋지만, 그중 최고봉은 역시나 너트와 함께 사용하였을 경우이다. 특히 화이트 초콜릿과 너트는 맛차와 궁합이 좋은 재료이며, 이때 너트는 어떤 종류를 사용하여도 좋다. 이제부터 만들어 볼 컵케이크는 어쩌면 반해 버릴 수도 있다. 크림과 같이 부드러우면서도 달콤한 데다 섬세한 녹차의 맛까지! 빨리 만들어 보자.

24개 기준

- 베이킹파우더가 든 밀가루 1¼컵(180g)
- 베이킹파우더 1티스푼
- 맛차 1테이블스푼
- 소금 한 자밤
- 진한 무염 버터 ¾컵(180g)
- 정선제당 1컵(180g)
- 바닐라 추출물 ½티스푼
- 달걀 큰 것 3개
- 다진 피스타치오 ⅔컵(100g)

화이트 초콜릿 프로스팅

- 유지 함량이 높은 헤비 크림 1¼컵(300ml)
- 바닐라 빈 ½개
- 다진 화이트 초콜릿 100g

1. 초콜릿 프로스팅을 만들려면 먼저 팬에 절반가량의 크림을 두른다. 바닐라 빈을 세로로 길게 반으로 갈라 크림에 씨앗을 긁어내고 콩을 떨어뜨린다. 그런 다음 끓기 직전까지 열을 가열하고 불을 끈다. 사용한 빈을 버리고, 다진 초콜릿이 부드럽게 녹을 때까지 저어 준다. 다 녹으면 냉장고에 넣고 1시간가량 식힌다.

2. 프로스팅이 거의 다 되면 오븐을 180도의 온도로 예열하고 2열 12개짜리 컵케이크 틀에 종이 라이너 24개를 깐다.

3. 그릇에 밀가루, 베이킹파우더, 맛차, 소금을 다 넣는다.

4. 별도 용기에 버터를 풀고 설탕, 바닐라 추출물을 넣고 아주 부드러워질 때까지 저어 준다. 달걀은 한 번에 하나씩 추가하고, 필요하다면 중간에 밀가루를 넣어 잘 저어 준다. 달걀을 하나씩 추가할 때마다 잘 저어 준다.

5. 밀가루 혼합물을 달걀 혼합물에 넣고 다진 피스타치오를 4분의 3만 넣는다. 나머지 4분의 1은 나중에 가니시 용도로 남겨 둔다.

6. 컵케이크 반죽을 스푼으로 떠서 라이너에 담고 15~20분 정도 굽는다. 컵케이크가 부풀어 오르고 옅은 금빛으로 변할 때까지 굽는다.

7. 오븐에서 컵케이크를 꺼내 철제 선반에 올려 두고 5분간 식힌다. 어느 정도 식으면 팬에서 컵케이크를 떼어 내 완전히 식힌다.

8. 다른 용기에 남은 크림을 담아 최고로 부드러워질 때까지 휘핑한다. 휘핑크림의 3분의 1은 차가워진 초콜릿 크림 혼합물에 넣어 섞어 주고, 나머지 3분의 2는 페이스트리 백에 담아 가니시용으로 사용한다. 컵케이크 위에 페이스트리 백을 짜 넣어 프로스팅을 올리고 나이프로 살짝 펼친 다음 맨 위에 남은 피스타치오를 뿌린다.

맛차 트러플
Matcha Truffles

맛차는 초콜릿하고도 잘 어울린다. 트러플은 프리미엄 식품점에서 구입할 수도 있지만, 직접 만들어 보는 것도 재미있다. 둥그런 트러플 부분은 밝은 녹색으로 아름답다.

트러플 40개 기준

트러플

- 헤비 크림 ½컵(120ml)
- 곱게 간 화이트 초콜릿 300g
- 맛차 2테이블스푼과 가니시용 여분

코팅

- 화이트 초콜릿, 밀크 초콜릿, 세미스위트 초콜릿 각각 100g
- 가니시를 위한 제과용 가루설탕

1. 작은 팬에 크림을 넣고 가열한다. 끓으면 불을 끄고 화이트 초콜릿을 추가하고 부드럽게 녹을 때까지 빠르게 휘젓는다.

2. 맛차를 체로 걸러 내 뿌린 뒤 다시 섞어 주고, 초콜릿 믹스를 그릇에 넣는다. 뚜껑을 덮거나 랩으로 싸서 4~5시간가량 완전히 준비가 될 때까지 식힌다.

3. 트러플 믹스를 1티스푼 떠서 트레이나 접시에 올려 10~15분간 보관한다.

4. 믹스가 굳으면 제과용 가루설탕을 손바닥에 묻힌 뒤에 트러플 믹스를 한 조각씩 굴려 동그랗게 만들어 트레이로 다시 옮긴다. 초콜릿이 녹으면 냉장고에 넣는다.

5. 초콜릿을 별도의 용기 3개에서 녹인다. 한 번에 용기 하나씩 사용하는데, 초콜릿을 한 스푼 떠서 접시에 놓고 트러플 볼을 고르게 굴려 코팅하여 트레이에 올려 놓는다. 트러플의 4분의 1을 그렇게 한 뒤에 냉장고에 넣는다. 나머지 트러플과 녹인 초콜릿으로 이 과정을 반복하는데, 처음에 만든 트러플도 다시 코팅한다. 제대로 코팅하려면 이 과정을 세 번 정도 반복해야 하며, 녹인 초콜릿을 다 쓸 때까지 한다. 나머지 트러플은 설탕을 넣지 않은 코코아에 굴린다. 모든 트러플을 뿌리고 초콜릿이 굳어지기 전에 맛차를 살짝 뿌린다.

맛차 초콜릿 쇼트브레드

Matcha and Chocolate Shortbread

티 한 잔과 가장 잘 어울리는 음식에서 결코 빼놓을 수 없는 것이 있다. 입안을 부드럽게 녹이는 음식이라 평가되는 바로 맛차 쇼트브레드이다.

60개 기준

- 밀가루 중력분 1⅓컵(185g)
- 무염 버터 ½컵(125g) : 상원에서 큐브 모양으로 자른 형태
- 정선제당 ⅓ 컵(60g)
- 맛차 1티스푼과 가니시용 여분
- 너무 달지 않은 초콜릿 500g : 코팅용으로 녹인 상태

1. 초콜릿을 제외하고 모든 재료를 그릇에 담아 반죽이 될 때까지 잘 혼합한다.

2. 바닥에 밀가루를 살짝 깔고 반죽이 5mm 두께가 되도록 잘 굴린다. 한 번에 4cm인 정사각형으로 자르고 철제 구이판에 옮겨 눌어붙지 않는 팬에 하나씩 줄지어 올린다. 다 올렸으면 냉장고에 1시간 정도 둔다.

3. 오븐을 160도의 온도로 예열한다. 쇼트브레드를 오븐에 20~25분간 구우면 색깔이 살짝 노랗게 변한다. 그러면 오븐에서 꺼내 철망의 선반에 올려 식힌다. 너무 달지 않은 초콜릿을 녹여 그 안에 쇼트브레드를 담갔다가 건져 내고 그 위로 맛차 가루를 뿌린다(시간이 있고 원한다면, 쇼트브레드에 초콜릿을 더 섞어 반짝반짝 빛나게 만들 수도 있다).

리코리스 민트 초코칩 아이스크림
&다크 초콜릿 툴리

Licorice and Mint Choc Chip Ice Cream with Dark chocolate Tuille

놀라지 마라! 우리 모두가 100% 좋아하는 아이스크림이다. 자연적으로 단맛이 있는 리코리스(감초), 싱그러운 민트, 너무 달지 않은 초콜릿, 살살 녹는 크림 아이스크림까지! '맛의 폭탄'이라 할 정도이다. 화려한 느낌을 원한다면 초콜릿 툴리를 만들어 보는 것도 좋다.

1.6 리터 기준

아이스크림

- 우유 4컵(1리터)
- 헤비 크림 1¼컵(300ml)
- 리코리스 민트 잎차 7테이블스푼
- 달걀 노른자위 6개
- 설탕 1¼컵(250g)
- 너무 달지 않은 초콜릿 잘게 다진 것 또는 세미 스위트 초콜릿 칩 다진 것 100g

초콜릿 툴리(툴리 20개 기준)

- 밀가루 중력분 ⅓컵(50g)
- 달지 않은 코코아 1테이블스푼
- 무염 버터 3½테이블스푼(50g)
- 제과용 설탕 ½컵(50g)
- 큰 달걀 흰자위 1개 : 소금 한 자밤을 넣고 살짝 저어 준 상태

1. 팬에 우유와 크림을 붓고 리코리스 민트 잎차를 넣는다. 불을 가해 끓이고, 다 끓으면 불을 끄고 1시간가량 식기를 기다린다.

2. 달걀 노른자위를 그릇에 담고 젓는다. 리코리스와 민트를 우린 크림 혼합물을 스트레이너로 걸러 내 민트 잎과 리코리스를 제거하고 달걀 노른자위와 섞어 설탕을 넣으면서 계속 저어 준다. 다시 팬에 붓고 약한 불에 5분간 가열한다. 이때도 계속 휘저어 주어야 한다. 불을 끄고 깨끗한 용기에 담은 뒤 커스터드에 껍질이 생기지 않도록 랩으로 꽉 눌러 덮는다. 그런 다음 완전히 식힌다.

3. 아이스크림 메이커에서 식은 커스터드를 휘젓는다. 준비가 되면 아이스크림 메이커를 사용해 초콜릿을 고르게 휘젓는다. 메이커가 없다면 플라스틱 용기에 커스터드를 담고 냉장고에 얼리는데, 30분 간격으로 꺼내 휘저어 준다. 슬러시같이 될 때까지 계속 저어 주며, 푸드 프로세서로 윙 소리가 나도록 빠르게 저어 주면 편하다. 다시 냉장고에 넣고 얼리다가 30분이 지나면 또 저어 주고 부드러워질 때까지 반복한다. 다진 초콜릿이나 초코칩도 넣어 굳을 때까지 함께 저어 준다.

4. 아이스크림이 어는 동안 초콜릿 툴리를 만들자. 구이판에 황산지를 깔고 코코아와 밀가루를 체로 쳐내 그릇에 담고, 별도의 그릇에는 버터와 제과용 설탕을 넣고 잘 섞어 준다.

5. 달걀 흰자위를 버터와 설탕의 혼합물에 넣고 저어 준 뒤, 앞서 만든 밀가루, 코코아 혼합물에 섞어 또 저어 준다. 혼합물이 부드러워지면 30분 정도 그대로 둔다.

6. 오븐을 180도의 온도로 예열한다. 혼합물을 티스푼 한가득 담아 준비한 구이판에 덜어 낸다. 티스푼 뒷면으로 원 모양을 그리며 돌려 아이스크림 믹스가 얇게 원으로 퍼지게 만든다. 지름 8cm 정도가 적당하다. 이 과정을 두세 번 반복해 넓게 펼친다. 오븐에서 꺼내면 바로 굳어 버리기 때문에 한 번에 조금씩 굽도록 한다.

7. 5~6분 정도 구우면 준비가 끝난다. 오븐에서 꺼낼 때는 뜨거우니 주의하며 재빠르게 꺼낸다. 그리고 툴리에 열기가 남아 있을 때 나무 숟가락 손잡이 주위로 빠르게 굴린다. 아이스크림 모양이 마음에 들지 않아 다시 만들고 싶다면, 오븐에서 꺼내는 것부터 다시 시작해야 한다.

8. 다 되면 냉동실에서 아이스크림을 꺼내 부드러워지도록 기다린다. 손님에게 대접하기 10분 전에 꺼내면 좋다. 그런 다음 유리컵에 담아 초콜릿 툴리와 함께 내놓는다.

아이스티 롤리 팝

Iced Tea Lollie pops

어른이건 아이건 할 것 없다. 아이스티 롤리 팝은 누구나 좋아할 뿐만 아니라 만드는 과정도 간단해 즐겁게 만들 수 있다. 인공 색소가 전혀 들어가지 않은 아이스 롤리 팝과 슬러시를 최고의 허브티를 사용하여 만들어 보자. 좋아하는 허브티로 다양한 맛과 향의 아이스티 롤리 팝을 만들어 보는 것도 좋지만, 여기서는 루바브와 진저를 사용한다.

아이스티 롤리 팝 12개 기준

- 물 3컵(750ml)
- 루바브, 진저의 허브를 블렌딩한 티백 4개
- 정선제당 ¼컵(50g)
- 헤비 크림 2컵(500ml)
- 바닐라 빈 1개
- 아이스티 롤리 팝 스틱 12개

1. 팬에 물 세 컵을 붓고 끓인다. 물이 끓으면 불을 끄고 티백을 넣은 뒤 5분간 식힌다. 다 우려지면 티백은 짜서 버린다. 우려낸 허브티에는 설탕 2테이블스푼을 넣고 잘 저어 준 다음 완전히 식을 때까지 기다린다.

2. 크림과 남은 설탕, 바닐라 빈을 팬에 넣고 설탕이 완전히 녹을 때까지 약한 불에 천천히 끓인다. 다 녹으면 불을 끄고 뚜껑을 덮어 완전히 식힌 뒤 바닐라 빈을 건져 낸다.

3. 75ml짜리 아이스티 롤리 팝 틀에 우려낸 루바브 진저 블렌딩 티를 절반 정도 붓고 냉동실에 얼린다. 아이스크림 모양을 다채롭게 만들고 싶다면 틀의 각도를 바꿔 아이스크림이 얼면서 특이한 모양이 되도록 한다. 굳으면 아이스크림 맨 윗부분의 아래에 커스터드 믹스를 뿌리고 다시 얼린다. 커스터드가 팽창할 수 있으니 맨 위보다는 약간 아랫부분이 좋다. 약 한 시간에서 두 시간 정도면 아이스크림이 절반 정도 어는데, 그때 아이스 롤리 팝 스틱을 끼워 넣어 다시 냉동실에 넣어 얼린다.

식용 꽃을 첨가한 슈퍼프루트
아이스터 롤리 팝

아이스티 롤리 팝 10개 기준

- 물 3컵(750ml), 꿀 ½컵(100g)
- 슈퍼프루트 허브티 2테이블스푼
  (또는 히비스커스 믹스 베리)
- 레몬 반 개 즙
- 식용 꽃 또는 꽃잎
  (장미꽃잎, 작은 팬지, 제비꽃 등)
- 아이스 롤리 팝 스틱 10개

1. 팬에 물을 붓고 끓인다. 이것을 계량컵에 붓고 꿀과 슈퍼프루트 허브티를 넣은 뒤 잘 저어 주고 5분간 식힌 다음 체에 걸러 낸다. 레몬즙을 넣고 완전히 식을 때까지 기다린다.

2. 75ml 아이스 롤리 팝 틀에 이 액체를 따르고 식용 꽃이나 꽃잎을 몇 개 정도 추가한다.

3. 냉동실에 틀을 넣고 얼린 다음에 꺼내 꽃잎을 넣고 슈퍼프루트 허브티를 추가로 더 넣어 준 뒤 다시 얼린다. 슈퍼프루트 허브티를 모두 사용할 때까지 이 과정을 반복한다. 허브티가 얼면 팽창하므로 틀 안에 넘치지 않을 정도까지만 넣는다. 맨 마지막 층을 만들 때 아이스 롤리 팝 스틱을 꽂는다. 완전히 얼리면 끝이다.

레몬 진저 티
아이스 롤리 팝

**아이스티 롤리 팝 10개 기준
/슬러시 8개 기준**

- 물 3컵(750ml)
- 꿀 ½컵(100g)
- 레몬 진저 허브티 6테이블스푼
- 레몬 1개 : 곱게 간 껍질과 레몬즙
- 아이스 롤리 팝 스틱 10개(선택 사항)

1. 계량컵에 담은 물은 팬에 넣고 가열하여 끓인다. 여기에 꿀과 찻잎, 간 레몬 껍질을 넣은 뒤 잘 저어 준 다음 5분간 식힌다. 체로 걸러 찻잎을 건져 내고 레몬즙을 넣어 완전히 식을 때까지 기다린다.

2. 75ml 아이스 팝 틀에 이 액체를 따른다. 얼렸을 때 팽창할 것을 감안해 꽉 채우지 않도록 한다. 다 따랐으면 냉동실에 얼리는데, 절반 정도 얼 때까지 약 1~2시간 정도만 얼린 다음 완전히 얼기 전에 아이스 팝 스틱을 꽂는다

3. 슬러시를 만들고 싶다면 혼합물을 25 x 15cm 크기의 케이크 팬에 담는다. 냉동실에 넣고 팬의 가장자리와 바닥에 결정이 생길 때까지 한 시간 정도 기다린다. 포크로 혼합물을 모아 액체와 잘 섞고 냉동실에 다시 얼린다. 45분마다 이 과정을 반복하며 균일한 결정이 형성될 때까지 한다. 다 해서 보통 3-4시간 정도 걸린다. 결정이 생기면 슬러시를 스푼으로 떠서 예쁜 유리잔에 담는다.

블랙커런트 허브티 초콜릿 트러플 아이스크림

Blackcurrant Tea and Chocolate Truffle Ice Cream

데이비드 레보비츠David Lebovitz의 저서인 『퍼펙트 스쿠프The Perfect Scoop』에 따르면, 블랙커런트 허브티는 약간 스모키하고 진한 특유의 과일 향으로 인해 초콜릿과 완벽한 조합을 이룬다고 한다. 향기로운 티를 원한다면, 블랙커런트 허브티 대신에 얼 그레이 잎차나 동정우롱, 슈퍼프루트 허브티(히비스커스 믹스 베리)를 사용해도 좋다.

4컵 기준(1리터)

초콜릿 트러플

- 헤비 크림 ⅔컵(140ml)
- 옥수수 또는 글루코스 시럽 3테이블스푼
- 세미스위트 초콜릿 다진 것 170g(코코아 함량 최소 45%)
- 코냑, 럼주, 기타 액상 재료

아이스크림

- 우유 1컵(250ml) : 지방을 빼지 않은 전유
- 설탕 ¾컵(150g)
- 블랙커런트 허브티 10티스푼(15g)
  : 다른 허브티를 사용해도 상관없다.
- 헤비 크림 2컵(500ml)
- 큰 달걀 노른자위만 5개

1. 먼저 트러플을 만들어 보자. 작은 팬에 헤비 크림과 옥수수 콘 또는 글루코스 시럽을 넣고 끓인다. 다 끓으면 불을 끄고 초콜릿을 넣어 녹을 때까지 잘 저어 준다. 코냑이나 럼주를 부은 뒤 혼합물을 작은 그릇에 넣고 1시간 정도 냉동실에 얼린다.

2. 접시에 랩을 두른다. 작은 스푼 2개로 2cm 크기의 작은 트러플을 만든다. 물론 트러플의 크기는 원하는 대로 만들면 된다. 트러플 믹스를 한 스푼 듬뿍 떠서 다른 스푼으로 옮겨 담아 접시에 올린다. 트러플 믹스를 다 사용할 때까지 이 과정을 반복한다. 다시 말하지만, 트러플 믹스는 무조건 사용해야 한다. 트러플 믹스를 다 사용할 때까지 반복한다. 아이스크림에 믹스할 준비가 완료되면 트러플을 얼린다. 트러플은 잘 싸 두면 냉동실이나 냉장실에 2주간 보관할 수 있다.

3. 이제 아이스크림을 만들 차례이다. 우유, 설탕, 허브티 잎차, 크림 절반을 중간 크기의 팬에 넣고 데운다. 어느 정도 데워지면 불을 끄고 마개를 덮은 뒤에 상온에서 1시간 정도 식힌다.

4. 블랙커런트 허브티가 우려진 우유를 다시 데운다. 나머지 크림 절반을 큰 그릇에 담고 그 위에 스트레이너를 설치한다. 큰 그릇에 얼음물도 담아 둔다.

5. 다른 그릇에 달걀 노른자위만 담아 휘젓고 4에서 데운 혼합물을 천천히 담으며 계속 저어 준다. 그런 다음에 따뜻해진 달걀 노른자위를 팬에 담는다.

5. 중간 세기의 불을 가하는 상태에서 내열 주걱으로 혼합물을 계속 저어 준다. 바닥을 저어 주면 혼합물이 두꺼워지며 주걱은 코팅된다. 다음으로 스트레이너에 커스터드를 담아 크림 그릇에 걸러 낸다. 블랙커런트 허브티의 잎을 부드럽게 눌러 향미를 최대한 추출한다. 이 작업이 끝나면 잎은 버리고 얼음물 통 위에서 차가워질 때까지 저어 준다.

6. 트러플 믹스를 냉장고에 식히고 지시 사항에 따라 아이스크림 메이커에 얼린다. 메이커가 없다면 통에 그 믹스를 넣고 냉동실에 얼렸다가 꺼내 일정한 간격으로 격렬하게 저어서 얼음 입자가 생기지 않도록 한다. 이렇게 2~3시간 정도 작업하면 냉동실에서 완전히 언다.

7. 아이스크림이 준비되면 아이스크림 메이커(또는 냉동실)에서 아이스크림을 꺼내 초콜릿 트러플의 4분의 3을 담는다. 원하는 경우 차가워진 트러플을 작은 조각으로 다져 달지 않은 코코아에 나머지 초콜릿 트러플을 굴려도 된다.

십스미스 슈퍼프루트 선다우너

Sipsmith Superfruit Sundowner

영국 런던의 십스미스^{Sipsmith} 지역에 있는 한 분이 허브티를 활용한 아주 근사한 레시피를 제안해 주었다. 이 티 칵테일을 마시며 즐거운 여름철을 보내기 바란다!

1잔 기준

- 오렌지 2조각
- 레몬 2조각
- 자몽 1조각
- 십스미스 런던 드라이 진 ¼컵(40ml)
- 슈퍼프루트 허브티 시럽 1테이블스푼(25ml) : 아래 참조
- 가니시용 오렌지 껍질 : 트위스트 모양으로 깐 것

슈퍼프루트 허브티 시럽 1잔 기준

- 물 2컵(500ml)
- 설탕 2½컵(500g)
- 티백에 담긴 슈퍼프루트 허브티 3~4개
  (또는 히비스커스 믹스 베리 잎차 티백)

1. 팬에 물과 설탕을 섞어 허브티 시럽을 만든다. 설탕이 완전히 녹을 때까지 허브티 시럽을 끓인다. 다 끓으면 불을 끄고 티백을 넣는다. 허브티 시럽이 식을 때까지 상온에서 30분 정도 기다린다. 티백은 건져 내 버리고, 우린 액체는 살균한 물병에 담아 냉장고에 보관한다.

2. 이제 칵테일을 만들어 보자. 칵테일 셰이커에 얼음을 채운다. 오렌지와 레몬, 자몽 조각을 압착해 셰이커 통에 즙을 담는다. 진과 허브티 시럽을 추가하고 잘 섞어 준다. 차갑게 보관한 유리잔에 칵테일을 따르고, 오렌지 껍질 트위스트로 가니시한다.

올드 윌리엄즈버그 만다린 티

Old Williamsburg Mandarin Tea

올드 윌리엄즈버그 만다린 티는 원래 『윌리엄즈버그 요리법^{The Williamsburg Art of Cookery}』에서 나오는 펀치^{punch}(물, 과일즙, 향료에 보통 포도주나 다른 술을 넣어 만든 음료) 레시피였다. 그것을 요리 전문 저술가인, 린디 와일드스미스가 조금 수정하여 그의 저서 『아티즌 드링크스^{Artisan Drinks}』를 통해 최상의 애프터 디너 티로 소개했다. 엄밀히 말해 리큐어^{liqueur}(달고 과일 향이 나기도 하는 독한 술. 보통 식후에 아주 작은 잔으로 마심)라 할 수는 없지만, 이 술은 바로 만들어 마실 수 있기 때문에 술 애호가들이라면 사족을 못 쓴다. 바로 마시고 싶은 유혹을 견딜 수 있다면 오래 두고 마셔도 좋다.

4잔 기준(1리터)

- 감귤 2개분 껍질과 즙
- 진하고 강한 향미의 티 1컵(225ml) : 식은 것
- 여분으로 감귤 1개분 즙
- 레몬 1개 : 즙과 얇게 저민 껍질
- 갈색 설탕 또는 그래뉴당 ⅔컵(125g)
- 최상품 럼주 1¼컵(300ml)

1. 4컵(1리터) 정도의 음료를 담을 수 있는 대형 물통이나 메이슨 자(Mason jar) 몇 병을 준비한다.

2. 감귤 껍질 안쪽의 하얀 껍질을 긁어낸 뒤 모든 재료를 물통이나 메이슨 자에 쏟고 뚜껑을 덮는다. 설탕이 잘 녹도록 흔든다. 하룻밤 동안 보관한 뒤 모슬린 천으로 걸러 내고 다른 물통에 보관하여 마시고 싶을 때 언제든지 마신다.

3. 만든 술은 6개월 이상 보관할 수 있다.

팁 : 오리지널 윌리엄즈버그 버전은 감귤 대신에 레몬을 사용하며, 레몬 2개 분량의 즙과 얇게 저민 껍질을 사용한다. 오리지널 버전을 맛보고 싶다면 설탕이 좀 필요할 수 있다.

아몬드 아이스티

Almond Iced Tea

이 음료는 칵테일을 만드는 믹솔로지스트인 드레 마소^{Dre Masso}가 고안해 낸 것으로, 톰 샌드햄^{Tom Sandham}의 저서 『세계 최고의 칵테일^{World's Best Cocktails}』에 소개되었다. 티로는 센차를 사용하지만 맛차나 다른 종류의 녹차도 잘 어울린다. 또한 아이스티에서 나는 아몬드 시럽의 향은 녹차의 허브 향을 북돋는다.

1잔 기준

- 얼음
- 비피터^{Beefeater} 24 진 ¼컵(50ml)
- 레몬즙 3티스푼
- 식힌 센차 또는 황산모봉 녹차 ½컵(100ml)
- 아몬드 시럽 4티스푼 : 아몬드, 설탕, 로즈 워터 (또는 플라워 워터)로 만든 달고 아몬드 향이 풍부한 시럽
- 레몬 슬라이스

1. 모든 재료를 유리잔에 넣고 얼음과 함께 휘젓는다. 레몬을 원 모양으로 얇게 썰어 가니시로 띄운다.

스파이스 윈터 멀드 와인

Spiced Winter Mulled Wine

스파이스 윈터 허브티는 마치 크리스마스 분위기가 컵 안에 들어 있는 것 같다! 루이보스, 시나몬, 클로브, 오렌지 껍질 등의 고품질 멀드 와인을 만드는 데 필요한 모든 재료들이 다 들어갈 뿐만 아니라 색깔도 진한 붉은색이다.

4컵(1리터) 기준

- 티백에 담긴 스파이스 윈터 허브티 5개
  (또는 윈터 스파이스 루이보스 티백)
- 고품질의 레드와인 3컵(750ml)
- 물 1컵(250ml)
- 설탕 4테이블스푼
- 슬라이스로 얇게 자른 오렌지 반 개
- 곁들어 먹을 진저 쿠키(선택 사항)

1. 티백의 줄을 자르고 큰 팬에 모든 재료를 다 담아 끓기 직전까지 끓인다. 데울 때 종종 저어 주어야 한다.

2. 그런 다음 불을 줄이고 10분간 계속 끓여 준다.

3. 너무 뜨겁지 않으면서 따뜻하게 내놓는다. 추운 날 즐길 수 있는 따뜻한 음료이다!

얼 그레이 마티니 레몬 솔트 림

Earl Grey Martini with a lemon salt rim

마티니는 클래식하면서도 세련된 칵테일이다. 믹솔로지스트들이 칵테일을 만들 때 종종 티를 사용하는데 맛도 좋고 신선하다. 여기서는 가정집에서 쉽게 칵테일 한 잔을 만들 수 있는 방법을 소개한다.

1잔 기준

- 얼 그레이 시럽
- 물 4테이블스푼
- 얼 그레이 스트롱 잎차 2테이블스푼
- 정선제당 3테이블스푼
- 레몬 솔트 림
- 곱게 간 레몬 2개분 껍질
- 천일염 ⅓컵(50g)
- 마티니
- 진 2테이블스푼
- 레몬즙 1테이블스푼
- 얼음

가니시

- 레몬 껍질 기다랗게 썰어 매듭진 것
- 얼 그레이 스트롱 잎차에서 꺼낸 말린 보리지꽃

1. 얼 그레이 시럽을 만들려면 작은 팬에 물을 끓인 다음 찻잎과 설탕을 넣고 설탕이 완전히 녹을 때가지 저어 준다. 다 녹으면 불을 끄고 10분간 우린 뒤 찻잎을 건져 내 식힌다.
2. 마티니 잔을 차갑게 보관한다. 그 사이에 레몬 껍질과 소금이 고루 섞이도록 저어 주고 깊이가 낮은 접시나 받침에 담는다.
3. 마티니의 경우에는 차가워진 잔에 레몬과 소금을 넣고, 칵테일 셰이커에는 진, 얼 그레이, 레몬즙과 얼음을 넣고 잘 섞는다. 그 다음에 유리잔에 걸러 내 레몬 조각 묶음으로 장식하고 말린 보리지꽃을 뿌린다.

맛차리타

Matcharita

마르가리타의 변형이다. 런던 동부 지역의 메이페어^{Mayfair}에 있는 콘노트 바^{Connaught Bar} 소속 바텐더인 애고 페론^{Ago Perrone}과 믹솔로지스트 톰 샌덤^{Tom Sandham}이 공동 저서 『세계 최고의 칵테일』에서 소개하였다. 맛차를 사용해 모던한 감각을 유지하면서도 칵테일 예절에서 선(禪)을 지켰다.

1잔 기준

- 칼레 23 테킬라 블랑코 3½테이블스푼
- 오렌지 퀴라소 2티스푼
- 소금기 없는 유자즙 4티스푼
- 마라스키노 리큐어 2티스푼
- 맛차 ¼티스푼
- 얼음
- 흑소금과 레몬 슬라이스 : 가니시용

1. 모든 재료를 얼음과 함께 흔들어 섞은 뒤 유리잔에 바로 담아 레몬 슬라이스를 담근다. 일반 찻잔을 사용해도 좋다. 마지막으로 흑소금을 흩어 뿌린다.

초간단, 정말 신선한, 아이스티

지금까지 마셨던 설탕이 가득 든 아이스티는 모두 잊어버릴 것이다. 신선하게 우려낸 아이스티에 정말 좋은 재료들이 들어가 그 맛과 향이 너무도 훌륭하다. 좋은 품질의 재료를 사용한다면 그 향미가 추출되어 나오는 데 수분이 걸릴 것이다. 모든 종류의 티는 아이스티로 만들면 그 맛이 매우 좋다. 홍차, 녹차, 백차, 우롱차를 아이스티로 모두 사용할 수 있고, 과일이나 허브 블렌딩 티를 사용해 카페인이 없는 아이스티를 만들 수도 있다. 아이스티는 다양한 종류의 티와 허브로 만들어 낼 수 있는데, 자신의 취향에 맞게 코디얼(과일 주스로 만들어 물을 타 마시는 단 음료)도 만들 수 있다. 여기서는 매우 신선한 아이스티를 만드는 방법을 소개한다. 한 가지 중요한 사실이 있다. 이 아이스티는 칼로리가 매우 적다는 것이다.

1잔 기준

- 티백 1개(또는 잎차 2테이블스푼)
- 끓인 물 1컵(250ml)
- 얼음
- 가니시용 신선한 과일
- 아가베 시럽(선택 사항)

1. 한 사람 또는 한 컵(250ml)당 티백 1개(또는 입차 1테이블스푼)를 넣는다. 아니면 큰 용기를 사용해 모두가 같이 마시는 4컵(1리터)짜리 피처 하나를 만들 수도 있다. 티백이나 잎차에 신선하게 끓인 물을 높이 2.5cm 정도만 부어 5분간 우린다. 우려지면 찬물과 얼음을 담고 찻잎은 스트레이너로 걸러 낸다. 찻잎을 걸러 내는 그 시점은 각자 정하기 나름이다.

2. 신선한 과일을 넣어 맛과 향을 더한다. 레몬과 라임은 일반적으로 티와 잘 어울리며, 레드 베리와 패션 프루트의 과일은 허브티와 함께 블렌딩하면 그 맛이 놀라울 정도로 좋아진다.

3. 피처에서 티백을 건져 내도 좋지만, 얼음만 넣으면 아이스티를 계속 우려낼 수 있기 때문에 그대로 두는 것도 좋다.

4. 달콤한 티를 좋아한다면, 끓는 물에 천연 감미료인 아가베 시럽을 쭉 짜서 넣어 보기 바란다.

[인기 높은 아이스 티 콤보들]

일반적인 아이스티 신선한 레몬즙을 짜 넣은 다르질링 얼 그레이 티에 레몬 슬라이스로 가니시한다.

우아한 아이스티 모봉 녹차에 오이와 라임 슬라이스 한 조각과 민트 잎 3~4조각을 올린다.

향미가 풍부한 티 리코리스 민트 티. 페퍼민트 잎과 리코리스가 자연의 향과 달콤함을 선사한다.

푸르트 티 슈퍼푸르트 허브티(히비스커스 믹스 베리)에 신선한 베리를 두 줌 가득히 넣고 패션프루트 2조각을 올린다.

걸으면서 아이스티를 마셔 보는 것은 또 어떨까? 시간을 더욱더 들이면 찬물에서도 티를 우릴 수 있다. 집을 나서기 전에 물병에 티백이든 잎차든 넣어 두면, '길거리를 걸으면서도' 아이스티를 마실 수 있다. 티는 전부 자연 그대로 사용하여, 하루 종일 맛있는 아이스티를 즐길 수 있다.

'마음을 사로잡는' 티 세이크

티와 밀크 세이크. 환상적인 조합이라고는 할 수 없지만, 같이 마셔 보면 또 다른 맛을 느낄 것이다! 실제로 과일, 향신료, 초콜릿, 캐러멜이 들어간 고품질의 잎차가 강렬한 향미를 자아내기 때문에 티세이크는 사람들의 마음을 크게 사로잡을 것이다.

1잔 기준

- 티백에 든 티 1개(또는 잎차 2티스푼 : 좋아하는 향미의 세기에 따라 달라짐)
- 끓은 물 ½컵(100ml)
- 좋은 품질의 바닐라 아이스크림 3스푼
- 기호에 따라 우유

1. 컵에 티백(또는 잎차)을 넣고 물을 부어 10분간 우린다. 강렬한 맛과 향을 좋아한다면 더 오래도록 우린다.

2. 다 우려내면 티백 또는 찻잎을 걸러 내고 티만 블렌더에 붓는다. 아이스크림을 3스쿠프를 넣고 섞어 준다. 믹스가 너무 진하면 탈지 우유나 저지방 우유를 넣어 섞어 준다.

실험을 좋아한다면, 좋아하는 블렌딩 티로 마음껏 셰이크를 만들어 마셔 보자. 옆에는 네 가지 맛의 셰이커를 간단한 예로 소개한 것이다.

- 초콜릿 민트
- 슈퍼프루트
- 다르질링 얼 그레이
- 루이보스 크렘 캐러멜

맛차 코코넛 티 세이크
Matcha coconut tea shake

맛차의 막강한 힘이랄까, 맛차는 말로 표현하기 어려운 어떤 강한 힘을 지니고 있다. 과장된 표현이지만, 헤어 나오지 못할 정도로 맛이 훌륭하다. 여기서는 달콤한 크림 맛이 일품인 맛차 티 세이크의 레시피를 소개한다. 코코넛을 좋아하지 않는다면, 바닐라나 화이트 초콜릿 아이스크림을 사용해도 맛차의 꿈 같은 맛을 느낄 수 있다.

1잔 기준

- 탈지 우유 ½컵(100ml)
- 코코넛 맛 아이스크림 3스푼
- 맛차 1티스푼

1. 블렌더 기기에 우유와 아이스크림을 넣고 맛차를 추가한다. 블렌딩하여 마시기만 하면 되는데, 기분이 한결 더 좋아질 것이다!

중요 팁! 맛차는 블렌더 기기의 외벽에 달라붙는 경향이 있어 블렌더 기기에는 항상 액체부터 넣어야 한다.

**다른 것도 넣어 보자.
이런 것은 어떨까?**

휘핑크림
초콜릿 소스
잘라 낸 아몬드

천연 차이와 맛차 라테

All - Nature Chai and Matcha Lattes

차이나 일종의 향신료 티인 마살라 차이를 비롯해 인도와 인도 주변국에서 이 매콤하면서도 달며 우윳빛이 감도는 홍차를 어떻게 만들어 마시는지의 그 방법에 대해서는 앞에서 다루었다(54페이지 참조). 서양에서 즐겨 마시는 현대식 차이는 인스턴트 티 파우더나 가향 시럽을 넣어 약간 물릴 수가 있으며 인위적인 데도 있다. 여기서는 차이 잎차를 그대로 사용하여 자신만의 차이 라테를 만드는 방법을 소개한다. 매콤하면서도 따뜻하고 맛있는 그 향미에 아마 흠뻑 빠질 것이다. 단 몇 분 만에 쉽게 만들 수 있는 이 방법을 알아 두는 것도 좋다.

차이 라테

1잔 기준

- 차이 티백 1개 (또는 차이 잎차 2티스푼)
- 끓는 물 약간
- 갈색 설탕 1티스푼
- 탈지 우유 또는 저지방 우유 ¾~1컵 (200~250ml)
  : 컵이나 유리잔의 크기에 따라 다르다
- 곱게 간 시나몬 : 위에 뿌려 먹을 용도

1. 머그잔이나 라테 잔에 티백에 든 차이나 잎차를 넣고 끓는 물을 2.5cm 정도 높이까지 따른다. 티백이나 잎차가 잠길 정도면 된다.

2. 맛을 보면서 기호에 맞게 설탕을 넣는다. 꿀이나 아가베 시럽을 넣어 당도를 조절할 수 있다. 티백에 든 차이는 3~5분만 우려내고 티백을 건져 내면 된다. 잎차의 경우에는 스트레이너로 걸러 낸다.

3. 우유를 따뜻이 데우고 거품이 일도록 만든다. 커피 머신이 있다면 스티머를 사용해도 좋다. 아니면 레인지나 난로에 우유를 데운 뒤 소형 거품기를 사용해 거품을 일으켜 머그잔이나 유리잔에 옮겨 담는다. 끝으로 시나몬으로 토핑한다.

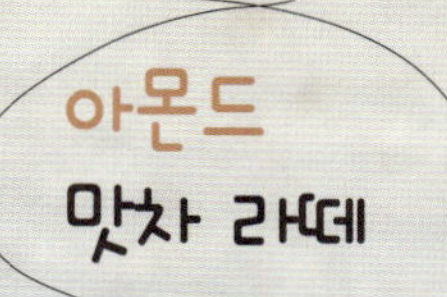

아몬드 맛차 라떼

잎차를 더 선호한다면? 잎차를 더 선호하는 사람이라면, 차이 잎차를 물론 사용하면 된다. 이때는 차이 잎차 2티스푼을 신선하게 끓인 물 5테이블스푼(75ml)에 넣고 약 5분간 우려낸다. 그런 뒤에 스트레이너로 찻잎을 걸러 낸 다음에 뜨거운 거품 우유를 부으면 된다.

1잔 기준

- 맛차 1티스푼
- 살짝 끓인 물*
- 아가베 시럽 조금
- 토핑용의 곱게 간 시나몬과 곱게 간 넛메그
- 아몬드 ¾~1컵(200~250ml)
- 우유(컵 크기에 따라 양이 다르다)

이런 시도는 또 어떨까?

이 밖에도 다양한 재료들을 사용하여 각자 자신의 취향에 맞게 라떼를 만들 수도 있다. 여기서는 간략한 방법을 몇 가지만 소개한다.

- 아몬드 우유 대신에 저지방이나 탈지 우유
- 아몬드 우유 대신에 코코넛 밀크, 오트 밀크, 라이스 밀크, 기타 유제품(지방)이 포함되지 않은 대체물
- 아가베 시럽 대신에 바닐라 추출물 ½티스푼, 설탕, 코코넛 설탕

1. 머그잔에 맛차와 물을 넣고 소형 전동 거품기로 저어 거품이 일도록 한다. 이때 물의 온도가 매우 중요하다. 맛차는 녹차이기 때문에 끓는 물을 사용해서는 안 되며, 이상적인 온도는 약 80도 정도이다. 다양한 온도로 끓일 수 있는 전기 찻주전자가 없다면 물의 온도를 정확하게 끓일 수 없다. 이럴 경우에는 물이 끓기 직전에 스위치를 끄거나 물이 끓고 난 뒤 식기를 몇 분간 기다려야 한다. 그러면 온도가 어느 정도 맞을 것이다.

2. 다음으로는 아가베 시럽과 향신료를 넣는다.

3. 이제는 아몬드를 넣은 밀크를 데우고 거품이 일도록 만들어 보자. 만약 스티머가 있는 커피 머신이 있다면 그것을 사용하면 좋다. 커피 머신이 없다면 우유를 전자레인지나 스토브에 넣어 데운 뒤에 거품기로 저어 거품이 일도록 만들면 된다.

4. 우유를 머그잔에 옮겨 담은 뒤 물과 섞은 맛차를 붓고 즐겁게 마시면 된다.

강력한 맛차 스무디

Superpower Matcha Smoothies

슈퍼파우더라고 할 수 있는 맛차의 영양소에 대해서는 앞에서 설명하였다(112페이지 참조). 스무디에 맛차를 넣어 마시면 음료를 더 건강하게 마실 수 있다. 아래에는 네 가지의 맛차 스무디에 대해 정리해 보았다. 이 가운데에는 런던의 올드 스트리트에 있는 피프틴 레스토랑Fifteen Restaurant 소속의 제이미 올리버Jamie Oliver가 추천하는 메뉴도 있다. 스무디를 맛있게 먹고 건강도 챙겨 보는 것은 또 어떨까!

모든 스무디는 1잔을 기준으로 하며, 모든 재료는 블렌더 기기에 넣기만 하면 된다. 맛차는 맨 마지막에 넣어야 제대로 즐길 수 있다. 간편하게 블렌딩한 뒤 잔에 옮겨 담아 맛있게 마시면서 즐기면 된다.

맛차 스무디

런던의 피프틴 레스토랑에서 개발한 스무디로 그 맛이 최강이라 할 수 있다! 바나나를 넣어 크림 맛이 나고, 사과와 민트가 들어가 가벼우면서도 신선한 느낌을 준다. 하루 중 언제든지 마셔도 좋다.

• 사과 반 개
• 샐러리 ¼개
• 민트 줄기 2개
• 바나나 반 개
• 배 반 개
• 티 ½티스푼

맛차 브렉퍼스트 부스터

이름에서도 알 수 있듯이, 아침 식사로 안성맞춤이다. 귀리와 맛차로 인해 에너지를 천천히 내 장기간 포만감을 느낄 수 있으며, 너트 버터로 단백질을 공급한다. 아침에 단맛이 내키지 않는다면 맛차 브렉퍼스트 부스터를 권해 본다. 시금치와 맛차가 부드럽고 산뜻한 맛을 제공해 좋아하지 않고는 못 배길 것이다. 우유가 부담스럽다면 유제품이 함유되지 않은 대체물을 사용해도 좋다.

• 우유 1¾컵(400ml)
• 꿀 1테이블스푼
• 귀리 한 줌
• 캐슈너트cashew nut 또는 아몬드 버터 1테이블스푼
• 시금치 잎 한 줌
• 바나나 1개
• 맛차 ½티스푼

무지방 단백질 스무디

다이어트를 해야 한다면, 이 스무디를 추천한다. 지방이 함유되어 있지 않은 스무디이지만 놀라울 정도로 달고 부드럽다. 그 비법은 아보카도에 있다! 마셔 보기만 한다면 아보카도의 맛에 매료될 것이다. 아보카도 대신에 코코넛 밀크를 사용할 수도 있다. 과일과 맛차가 들어가 있어 영양가가 높고 삼 씨앗으로 인해 단백질을 제공한다. 몸에 필요한 성분이 들어 있다고 보면 된다.

• 아몬드 밀크 1¾컵(400ml)
• 아보카도 반 개
• 딸기 한 줌
• 라즈베리 한 줌
• 망고 작은 것 1개
• 삼 씨앗 1티스푼
• 맛차 ½티스푼

운동 전 에너자이저

달리기 전이나 운동하기 전에 달달하면서도 가벼운 맛으로 소화도 잘되는 음식을 찾는다면 파워풀한 스무디 한 잔이 좋다. 비트 주스는 에너지를 공급하는 음료로 잘 알려져 있는데, 여기에 맛차와 치아시드chia seed를 섞으면 에너지를 오랫동안 공급할 수 있다.

• 비트 주스 ½컵(100ml)
• 코코넛 워터 1¼컵(300ml)
• 바나나 1개
• 블루베리 한 줌
• 치아시드 1테이블스푼
• 맛차 ½티스푼

다양한 티

오늘날 세계 각지에서는 최고급 찻잎, 허브, 꽃을 사용하여 최상품의 다양한 티들이 생산되고 있다. 티에 사용되는 모든 재료는 정성껏 세심하게 취급되고 있는데, 세계의 티 가공업체에서는 티의 고유한 향미를 하나라도 놓치지 않으려고 최선의 노력을 다하고 있다. 여기서는 그러한 티 브랜드의 일부를 간단히 소개한다.

에브리데이 브루(Everyday Brew)

영국인의 입맛에 딱 맞게 만든 티. 홀 리프 등급의 최고급 잎차인 아삼 티, 실론 티, 르완다 티를 블렌딩해 맥아 향이 풍기면서 강한 자극이 균형을 이루어 완벽한 티이다.

테이스팅 노트 : 향이 매우 풍부하여 입안에 돌풍을 일으키는 맛. 맥아 향이 강하여 자극적이면서도 진한 맛.

다르질링 얼 그레이 (Darjeeling Earl Grey)

히말라야 산맥의 작은 언덕에서 생산한 최고급 중의 최고급 다르질링 티를 블렌딩에 사용한 가향·가미차. 다르질링의 홀 리프 등급의 찻잎에 지중해가 산지인 베르가모트와 라임을 블렌딩하여 강하면서도 우아한 향미가 풍긴다.

테이스팅 노트 : 다르질링 티의 이국적인 꽃 향이 베르가모트의 산뜻한 감귤향과 균형을 이룬다.

얼 그레이 스트롱(Earl Grey Strong)

일반적인 얼 그레이보다 더 강한 향미를 풍기도록 만든 티. 아삼 티와 르완다 티의 강한 향미와 실론 티와 다르질링 티의 섬세한 향미를 블렌딩하여 강한 베르가모트 향을 보완하였는데, 강하면서도 완벽한 향미를 지녔다.

테이스팅 노트 : 강한 홍차에 섬세한 다르질링 티의 향미와 화려한 베르가모트 향의 조합. 얼 그레이가 더 강력해진 맛!

차이 티(Chai Tea)

인도의 모든 도시와 지역의 노점상에서 판매하고 있는 저마다 고유한 마살라 차이(masala chai)는 향이 풍부하고 매콤한 맛이 살짝 나면서도 우유 향이 풍긴다. 이 티는 인도인들이 수백 년 동안 선택적으로 마셔 왔다. 차이 티는 맥아 향이 강하게 풍기는 아삼 티에 카르다몸 깍지, 시나몬, 생강, 바닐라를 블렌딩하였다. 인도 티만의 활기와 색감을 간직한 맛있고 만족스러운 티이다.

테이스팅 노트 : 아삼 티의 강렬한 향미에 다양한 향신료를 블렌딩하여 인도의 이국적인 향미를 느낄 수 있다.

칠리 차이(Chili Chai)

인도의 전통 홍차인 차이를 변형한 티. 인도 차이의 전통적인 레시피와 동일하되, 고추의 작은 씨앗을 추출해 블렌딩하였다. 아삼 티의 강렬한 향미에 더해 카르다몸 깍지, 진저, 시나몬, 바닐라를 블렌딩하여 결코 잊을 수 없는 고추의 매운 맛을 선사한다. 인도 현지의 카레 가게에서 코르마(korma)나 플레인 난(plain naan)을 주문하지 않는 사람이라면 칠리 차이가 잘 맞을 것이다.

테이스팅 노트 : 아삼 티의 강렬한 맛에 중독성이 강한 향신료 향이 나며, 마지막에는 불에 타는 듯한 강한 맛이 난다.

초콜릿 플레이크 티(Chocolate Flake Tea)

초콜릿 쿠키를 티에 담가 먹는 것 같은 '천국의 맛'을 간직한 티. 강한 티에 진한 다크 초콜릿을 블렌딩하여 향미가 매우 강하고 진하여 두 가지의 맛을 모두 선사한다. 두 맛의 조화는 완벽 그 자체이다.

테이스팅 노트 : 핫 초콜릿의 느글느글한 단맛이 아니라 매우 섬세한 초콜릿 콤보의 맛이 난다.

민트 녹차(Green Tea with Mint)

건다우더보다 향미가 더욱더 섬세한 녹차인 진미(珍眉, Chunmee)를 베이스 티로 사용한 민트 티. 모로코 사람들은 티를 엄청날 정도로 달게 마시는데, 건파우더 녹차의 밋밋한 맛을 단맛으로 대체하기 위한 것이라는 일부 주장도 있다. 이 티는 너무 단맛의 티를 마셔 치아를 상하게 하는 것보다는 베이스 티를 바꾸는 것이 여러 모로 낫다는 배려가 깃들어 있다.

테이스팅 노트 : 진미 녹차의 섬세한 향미에 화하면서도 톡 쏘는 듯한 민트 향이 물씬 풍긴다.

재스민 펄(Jasmine Pearls)

녹차의 찻잎을 손으로 굴려 휘말린 아름다운 펄 모양의 티에 순수한 재스민 꽃 향을 촘촘히 입힌 티. 재스민 꽃 사이에 찻잎을 보관하여 꽃 향이 풍부하며, 이보다 더 순수할 수 없다. 따뜻한 물을 부으면 손으로 돌돌 말린 펄 모양의 찻잎이 원래대로 펼쳐지면서 새싹이 드러난다. 펼쳐지는 모양을 보고 있으면 마치 최면에 걸린 느낌이 들 정도로 놀랍다! 일부 재스민 펄은 '드래곤 피닉스 펄'이라고도 하는데, 산지에서 자라는 차나무의 모습이 마치 물에서 용이 솟구쳐 오르는 것 같은 이미지를 떠올리기 때문이라고 한다.

테이스팅 노트 : 천연 재스민 꽃 향이 풍겨 산뜻하면서도 싱그러운 섬세한 녹차이다.

모봉 녹차(Mao Feng Green Tea)

여름 공기의 시원하면서도 섬세한 자연 향과 더불어 복숭아 향, 살구 향이 길게 풍기는 티. 우려내면 찻빛이 일반적인 녹차의 찻빛과는 달리 맑은 담록의 빛깔이 난다. 녹차의 효능은 좋아하지만 맛을 그다지 선호하지 않는 사람에게는 이 티를 권해 본다.

테이스팅 노트 : 산뜻한 여름 공기와 같이 섬세한 향미. 복숭아와 살구의 향미도 길게 이어진다.

오거닉 맛차(Organic Matcha)

일본의 니시오(西尾) 지역에서 생산되는 프리미엄 등급의 찻잎으로 만든 맛차. 티 중에서도 '슈퍼 히어로'라고 할 수 있는 맛차는 일본에서 생산하는 녹차만을 100% 사용하는 고농축 녹차 가루이다. 맛차를 마시면 녹차의 좋은 성분이 모두 몸 안에 들어가는 것과 마찬가지이다. 천연 녹차의 좋은 성분이라 하면, 플라보노이드(카테킨류), 아미노산 L-테아닌, 베타카로틴 등을 말한다. 일본에서는 수세기에 걸쳐 역사적인 순간마다 맛차를 마셔 왔다. 차나무를 그늘이 많이 진 곳에서 재배하여 엽록소의 함유량을 최대로 높이고, 신선한 어린 찻잎과 새싹만을 일일이 손으로 수확한다. 찻잎을 선별하여 줄기와 잎맥을 제거한 뒤에 화강암으로 만든 맷돌로 곱게 갈아서 가루로 만든다. 가루로 만든 즉시 진공으로 포장하여 영양가를 최대한으로 높인다. 맛차를 '슈퍼파워 녹차'라고 하는 이유이다.

테이스팅 노트 : 물에 타서 마시면 녹차의 진정한 맛을 그대로 느낄 수 있고, 주스나 우유에도 넣어 마실 수 있다.

팝콘 티(Popcorn Tea)

녹차에 볶은 쌀을 블렌딩하여 만든 일본의 겐마이차. 이 티는 인위적으로 창조한 것이 아니다! 겐마이차가 처음 만들어질 당시에는 녹차가 매우 고가의 상품이었는데, 일본의 가난한 서민들이 그러한 녹차에 볶은 쌀을 블렌딩하여 먹은 것이 시초이다. 처음에는 다소 소박했던 시작과는 달리 지금에 이르러서 겐마이차는 엄연히 일본의 대표적인 티로 자리를 잡았다. 영국에서 비슷한 사례를 찾는다면, 양배추와 감자를 섞어 만드는 전통 음식인 버블 앤 스퀴크(bubble and squeak)를 들 수 있다.

테이스팅 노트 : 팝콘 같은 느낌의 녹차, 곡물 맛이 기저에 깔려 있다.

실버 팁 백차(Silver Tips White Tea)

중국 푸젠성의 다원에서 수확한 찻잎으로 가공한 백차. 일 년 중 아주 특별한 2주일간 매일 아침 두 시간씩 중국 푸젠성에서는 새벽부터 찻잎을 따는 사람들이 다원에 모인다. 백차를 만들기 위한 찻잎을 이른 아침부터 수확하기 위해서이다. 일찍부터 찻잎을 따면 햇빛 아래에서 찻잎이 자연 건조되기 때문이다.

테이스팅 노트 : 향미가 매우 싱그럽고 산뜻하며 복숭아 향과 살구 향이 매우 풍부하게 풍긴다.

동정우롱차(Tung Ting Oolong Tea)

타이완 둥팅산(凍頂山)에서 생산되는 진품 우롱차. 우롱차는 청차의 한 종류로서 부분 산화시킨 티이다. 이름은 티의 산지인 둥팅산에서 유래되었다. 이곳은 아는 사람은 다 알 정도로 전 세계에서 가장 좋은 티가 생산되는 곳이다. 이곳에서 생산되는 티는 주로 타이완 현지에서 일반 티보다 훨씬 더 비싼 가격에 거래되지만 충분히 값어치가 있다. 현재 녹차의 인기를 이어갈 차세대 티는 동정우롱차일 것으로 예상되고 있다.

테이스팅 노트 : 우롱차는 산화도가 녹차와 홍차의 중간쯤인데, 홍차의 강하고 향기로운 맛과 녹차의 은은한 꽃향기가 융합된 느낌.

애플 시나몬(Apple and Cinnamon)

달콤한 사과와 강렬한 향신료인 시나몬을 블렌딩한 티. 할머니가 만들어 주신 파이나 머핀이나 팬케이크에 재료로 들어가는 애플과 시나몬이 조화를 잘 이루고 있어, 이보다 친근감을 안겨 주는 티도 없을 것이다.

테이스팅 노트 : 애플파이 맛이 풍부하게 난다.

캐모마일 플라워(Chamomile flowers)

크로아티아산 최고급 캐모마일 꽃을 사용하여 만든 허브티. 캐모마일 꽃을 자연 그대로 우려내면 그 풍부한 향미가 최고라는 사실은 오래전부터 알려져 있다. 시중의 일부 상품 중에는 꽃 부스러기가 사용되어 품질이 다소 떨어지는 것도 있다. 캐모마일 꽃에는 몸과 마음을 안정시키고 수면을 유도하는 효능이 있다.

테이스팅 노트 : 노랗고 아름다운 빛깔의 달콤하면서도 캐모마일 향이 풍긴다.

초콜릿 민트(Chocolate and mint)

최고급 페퍼민트 잎에 맛있는 초콜릿을 넣어 군침이 도는 티. 저녁 식사 후에 마시는 민트 다크 초콜릿은 최고의 디저트나 다름없다. 민트 초코 칩 아이스크림과는 완전한 조화를 이룬다. 칼로리의 양은 한 잔에 3칼로리밖에 안 된다.

테이스팅 노트 : 다크 초콜릿 민트를 좋아한다면, 오후 8시 이후에 마셔 보길 바란다.

펜넬 리코리스(Fennel and Licorice)

펜넬과 리코리스를 블렌딩하여 달콤하고 향긋한 티. 천연적으로 카페인이 들어 있지 않다. 펜넬은 아니스와도 같은 향미가 나서 건강 음료와 요리의 식재료로 전 세계적으로 사용되고 있다. 맛도 매우 좋은데, 특히 리코리스와 함께 블렌딩하여 우려내 마시면 더할 나위 없다.

테이스팅 노트 : 매우 깔끔하고 산뜻한 향미.

허니부시 루이보스(Honeybush and Rooibos)

루이보스의 진한 견과 맛과 허니부시의 달콤한 맛이 잘 어우러진 티. 루이보스의 농축액을 아프리카에서는 '레드부시(red bush)'라고 한다. 이 레드부시와 허니부시는 모두 남아프리카에서 생산되고 있다. 특히 남아프리카공화국의 세다버그(Cederberg) 지역에서 많이 재배하며, 다른 티와 마찬가지의 방법으로 수확, 생산된다. 카페인이 없어 마시기에 무난하여 누구나 마실 수 있다.

테이스팅 노트 : 우려면 적갈색을 띠고, 흙 향과 미세한 견과류의 향이 난다.

레몬 진저(Lemon and Ginger)

레몬과 생강의 환상적인 블렌딩으로 태어난 티. 비바람이 부는 날에 문을 걸어 잠그고 천연 재료로 만든 이 레몬 진저 티를 마시면, 영국에서 머물렀던 어느 여름날이 떠오른다. 가정에서 만든 레모네이드, 진저 비어, 크로켓, 모리스 댄서 등 여름 하면 떠오르는 것들이 이 티 한 잔에 다 들어 있다.

테이스팅 노트 : 가볍고 신선한 감귤 향에 따뜻한 생강 향이 약하게 감돈다.

페퍼민트 리브스(Peppermint leaves)

오로지 페퍼민트 잎을 통째로 사용해 만든 허브티. 페퍼민트 잎을 그대로 사용하여 그 모양도 매우 신선한 상태로 유지되어 있다. 일반 종이 티백에 든 페퍼민트 허브티보다 향이 훨씬 진하고 신선하다. 페퍼민트는 예로부터 복통을 가라앉히고, 소화 기능을 향상시키는 효능이 있다고 알려져 있다.

테이스팅 노트 : 매우 신선하고 산뜻함이 강한 민트 향이 풍긴다.

퓨어 레몬그라스(Pure lemongrass)

레몬그라스로만 순수하게 만든 싱글 허브티. 식사를 끝낸 뒤에 마시면 좋다. 실제로 아시아의 수많은 나라에서는 레몬그라스를 식사가 끝난 뒤에 많이 마신다. 레몬그라스는 습한 기후로 인해 향이 풍부한 말레이시아산이 유명하다. 태국 음식에서는 주재료로도 많이 사용되고 있다. 이외에도 레몬그라스로는 믿을 수 없을 정도로 달콤하면서도 라임 향이 물씬 풍기는 감귤류 음료를 만들 수 있다.

테이스팅 노트 : 상상한 것 이상으로 달콤한 라임과 감귤류의 향미가 풍긴다.

루바브 진저(Rhubarb and Ginger)

루바브와 생강이 진정으로 만나 조화를 이룬 티. 루바브의 강한 향미에 달콤하면서도 약간은 매운 향미의 생강이 블렌딩되었다. 굳이 말하자면, 루바브를 좋아하는 사람을 위해 준비된 티이다.

테이스팅 노트 : 깔끔하고 순수한 생강의 향미.

루이보스 크렘 캐러멜(Rooibos Creme Caramel)

루이보스에 캐러멜 덩어리가 블렌딩되어 그 맛이 매우 뛰어난 허브티. 루이보스는 천연적으로 카페인이 없는 대신에 플라보노이드라는 성분을 풍부히 함유하고 있다. 여기에 캐러멜 덩어리가 들어가 있어 풍부하고 달콤한 맛으로 마음을 달래 준다. 디저트로도 자주 나오며, 열량이 2칼로리밖에 안 된다. 티백에 들어가는 캐러멜 덩어리는 블렌딩 방식이 랜덤이어서 안 들어 있을 수도 있지만, 만약 15개 전체가 들어 있다면 '캐러멜 폭탄'을 맞은 것이나 다름없다!

테이스팅 노트 : 목재향과 견과류 향이 나는 루이보스가 달콤한 크림 캐러멜과 최적의 균형을 이루면서 부드럽고도 풍부한 맛을 선사한다.

스파이스 윈터 레드 티(Spiced Winter Red Tea)

붉은색의 루이보스를 베이스로 오렌지, 클로브, 시나몬을 블렌딩한 허브티. 멀드 와인, 크리스마스 장식용 꽃, 겨울 코트, 장밋빛 뺨 등의 겨울 하면 떠오르는 이미지를 연상시킨다. 한 곁에 장작불이 타고 있고, 그 맞은편에서 고양이가 한가로이 자고 있으며, TV에서는 추억의 영화가 흘러나온다. 여기에 티와 마음을 녹이는 따뜻한 향까지 물씬 풍기고 카페인도 들어 있지 않아 추운 겨울의 상쾌한 아침에 마시면 좋은 티이다.

테이스팅 노트 : 맛있는 루이보스를 베이스로 따뜻한 겨울의 정취를 느끼게 한다.

슈퍼프루트(SuperFruit)

검,붉은 히비스커스 꽃을 베이스로 베리류의 건과일이 풍부하게 든 티. 바쁜 일상을 살아가는 현대인들이 과일을 충분히 섭취하기에 매우 좋은 티이다. 특히 기운을 북돋는 효능을 지닌 격정적인 붉은 색채감의 히비스커스 꽃과 함께 약하지만 길게 이어지는 타르트 향이 풍긴다.

테이스팅 노트 : 과일 맛이 매우 강렬하고 약하지만 미묘한 타르트의 향미!

스위트 진저(Sweet Ginger)

생강과 시나몬이 블렌딩으로 만난 티! 생강의 향미가 매우 풍부하고, 향신료의 향이 강하고 자극적으로 펼쳐진다.

테이스팅 노트 : 생강, 시나몬의 향미와 달콤한 맛이 어우러졌다.

예르바 마테(Yerba Mate)

건강한 몸매를 유지하는 데 좋은 음료. 살짝 스모키한 녹차의 향미도 풍긴다. 남아메리카의 아르헨티나에서는 어느 지역으로 여행을 가도 거의 모든 지역의 사람들이 예르바 마테를 즐겨 마시고 있는 광경을 볼 수 있다.

테이스팅 노트 : 약간 스모키한 녹차 맛이 난다. 마치 랍상소총의 또 다른 맛이라고나 할까?

색인

글로벌 시대에 맞는 티 전문가의 양성을 책임지는

한국티소믈리에연구원

한국티소믈리에연구원은 국내 최초의 티(tea) 전문가 교육 및 연구 기관이다. 티(tea)에 대한 전반적인 이론 교육과 함께 티 테이스팅을 통하여 다양한 맛을 배워 가는 과정으로 창의적인 티소믈리에와 티블렌더, 티코디네이터를 양성하는 데 주력하고 있다.

티소믈리에는 고객의 기호를 파악하고 티를 추천하여 주거나 고객이 요청한 티에 대한 특성과 배경을 바로 알아 고객에게 추천하는 역할을 한다. 티블렌더는 티의 맛과 향의 특성을 바로 알아 새로운 블렌딩티(TEA)를 만들 수 있는 전문가적 지식과 경험이 필요하다. 또 티코디네이터는 티와 푸드의 지식을 통해 트렌드에 맞게 페어링하고 연출하여 소비자의 만족스러운 구매를 돕는 역할을 한다.

티소믈리에, 티블렌더, 티코디네이터 교육 과정은 L3, L2 자격증 과정과 골드 과정을 운영하고 있다. 사단법인 한국티(TEA)협회와 한국티소믈리에연구원이 공동으로 주관하고, 한국직업능력개발원이 공증하는 L3, L2 자격증은 단계별 프로그램을 이수한 후 자격시험 응시가 가능하다. 골드 과정은 티소믈리에, 티블렌더, 티코디네이터 Advanced 수료자를 대상으로 한 티 전문가 교육 과정이다. 골드 과정은 각 교육 과정의 깊이 있는 연구를 통해 티 전문가로서 갖춰야 할 전문 교육 프로그램을 이수하여 강사로 활동하거나 지식과 경험을 통합하여 티(TEA)비즈니스에 대해 이해할 수 있는 프로그램으로 티 산업의 다양한 영역에서 활동할 수 있도록 한다.

현재 한국티소믈리에연구원은 본원에서 교육 및 연구를 진행하고 R&D센터에서 교육 및 응용, 개발을 실시하고 있으며, 지금까지 수많은 티 전문가들을 배출해 왔다.

사단법인 한국티(TEA)협회 인증

티소믈리에 & 티블렌더 & 티코디네이터 교육 과정 소개

- **티소믈리에, 티블렌더 및 티코디네이터 L3, L2 자격증.**
  - 사단법인 한국티협회와 한국티소믈리에연구원이 공동으로 주관.

- **티소믈리에 L3, L2 자격증 과정**
  - 티소믈리에 L3
  - 티소믈리에 Advanced L2

- **티소믈리에 골드 과정**
  - 강사 양성 과정, 티 비즈니스의 이해 과정.

- **티블렌더 L3, L2 자격증 과정**
  - 티블렌더 L3
  - 티블렌더 Advanced L2

- **티블렌더 골드 과정**
  - 강사 양성 과정, 티블렌딩 응용 개발 과정.

- **티코디네이터 L3, L2 자격증 과정**
  - 티코티네이터 L3
  - 티코디네이터 Advanced L2

- **티코디네이터 골드 과정**
  - 강사 양성 과정, 티 비즈니스 이해 및 응용 개발 과정.

세계 티의 이해

세계 티의 이해

2017년 11월 15일 초판 발행
2022년 4월 30일 초판 2쇄 발행

지 은 이 | 루이스 치들, 닉 킬비
감　　수 | 정승호
펴 낸 곳 | 한국 티소믈리에 연구원
출판신고 | 2012년 8월 8일 제2012-000270호
주　　소 | 서울시 성동구 아차산로 17, 서울숲L타워 1204호
전　　화 | 02)3446-7676
팩　　스 | 02)3446-7686
이 메 일 | info@teasommelier.kr
웹사이트 | www.teasommelier.kr

펴 낸 이 | 정승호
출판팀장 | 구성엽
디자인/제작 | ㈜지엔피링크

한국어 출판권 ⓒ 한국 티소믈리에 연구원(저작권자와 맺은 특약에 따라 검인을 생략합니다)

ISBN 979-11-85926-24-7(13590)

값 35,000원

이 도서의 국립중앙도서관 출판예정도서목록(CIP)은 서지정보유통시스템
홈페이지(http://seoji.nl.go.kr)와 국가자료공동목록시스템(http://nl.go.kr/kolisnet)에서 이용하실 수 있습니다
(CIP 제어 번호: CIP2017011899).